KB188286

AI 와 함께 하는

WEB ─

CODING

기초

저자 전병우

JavaScript

HTML

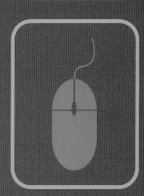

예빈우
도서출판

저자소개

전병우 (투더제이) 1983년생
건국대학교 경영학
유튜브: https://www.youtube.com/@ttj
투더제이 코딩클래스: https://ttj.kr

2002년부터 프리랜서로 외주개발을 하였고, 100만 사용자 광고플랫폼인 체리티를 책임개발 및 운영하였으며,
50만 사용자 여행플랫폼 어스토리를 공동 창업하여 한화S&C, SK 플래닛, 로아인벤션랩 등으로 부터
투자 유치의 경험을 가지고 있다. 현재는 이런 경험을 바탕으로 수익을 만드는 코딩,
AI를 활용한 코딩등을 알리고 있다.

현) 피라스튜디오 CEO (2018 ~ 현재)
전) (주)어스토리 CTO, Co-Founder (2012~2018)
전) (주)올해피컴퍼니, 개발팀장 (2011 ~ 2012)
전) 개발 프리랜서 (2002 ~ 2010)

2023 경기도 1인 크리에이터 선정
2021 패스트캠퍼스 온라인 커리어 마스터 캠프
2020 북부경기 문화창조허브 11기 선정
2015 대한민국 창조관광 대상기업 선정2014 한화 드림플러스 선정
2014 드림플러스 데이 한국 대표

한화리조트 마이트립플래너, 캘빈클라인 매장내 브로셔, 식권대장, 홈핏, 레드플래그,
체리티, 어스토리, 반조애, 로이코, E-PLEX 등 다양한 프로젝트 진행

책을 펴내며

AI기술을 누구나 사용하게 만든 챗GPT의 도래 이 후 모든 산업 분야에 걸쳐 AI는 기존 업무방식을 바꾸고 있다. 특히 코딩분야는 그 시너지가 더욱 크게 생겨났고 실무에서 역시 코딩 방식이 많이 변화하였다. 그렇다면 당연히 새롭게 시작하는 학습자 입장에서도 학습 방향의 변경이 절실하다. AI를 활용해 빠르게 도달할 수는 있지만 올바른 방향을 설정할 수는 없다. 이 책은 코딩을 가볍게 시작해서 맞는 방향으로 끝까지 도달하는 것을 기본에 두고 기획되었다.

그 기획에 맞게 책이 나올 수 있도록 도와주시고 강사로서, 사람으로서 성장할 수 있게 늘 도움주시는 이장우 대표님께 깊은 감사의 인사를 드린다. 그리고 항상 나를 위해 기도해주시고 하는 모든 것들을 믿고 지지해주시는 사랑하는 부모님과 누나에게 모든 순간 감사함을 느낀다. 또 투더제이 코딩 클래스를 위해 항상 노력해주는 고마운 튜터님 역시 너무나 든든하고 감사하며 수강생분들 모두에게 또한 감사의 말씀 전한다.

내가 코딩을 시작한 건 중학생 때였다. 보통의 중학생들처럼 컴퓨터로 할 수 있는 건 게임이 전부였고, 그래서 게임과 게임잡지에 관심이 많았다. 어느 날 늘 보던 게임잡지에 홈페이지를 만드는 방법이 아주 얇은 몇 장의 부록으로 들어있었다. 호기심으로 책에 있는 내용들을 따라 만들며 코딩을 인생 처음으로 시작하게 되었다. 아주 낮은 수준 정도였지만, 당시에 웹기술이 다양화되지 않았던 터라, 단지 실행하는 이유로 잘하는 사람이 되었고 그것을 동기부여로 놀랍게도 지금까지 계속하게 되었다.

요즘 AI도 마찬가지다. AI는 빠르게 발전되고, 이 무대는 계속해서 새롭게 만들어진다. 역사가 그리 오래되지도 않았다. 그저 시작하고 행동하는 것만으로도 취할 수 있는 이득이 매우 많다.

이 책을 보시는 분들 중 정말 코딩을 잘하길 원하신다면 방향을 설정하시고 그저 행동하셔서 이 좋은 시기를 놓치지 마시길 당부 드린다. 시간이 지나더라도, AI를 활용한 코딩분야는 계속해서 발전되고 코딩 기술 또한 끊임없이 새롭게 등장하기 때문에 언제든지 도전해도 좋다는 것을 너무나 강조 드리고 싶다. 아주 열정적이지 않더라도, 집중력이 남다르지 않더라도, 특별히 스마트하지 않더라도 그저 실행한다는 이유만으로 특별해지고 원하는 것을 이루고 꿈을 현실로 만들 수 있음을 재차 강조 드린다.

마지막으로 이 책에 관심 주신 모든 독자 여러분들 감사합니다. 항상 행복하시길 기원합니다.

2025 1월 전병우 (투더제이)

CONTENTS

CONTENTS

AI 시대의 코딩
- 왜 AI와 함께 코딩을 배워야 하는가

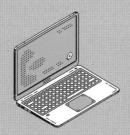
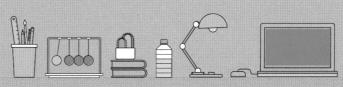

들어가며: 새로운 시대의 도래

현대 사회는 기술의 급격한 발전과 함께 새로운 전환점을 맞이하고 있습니다. 특히 인공지능(AI)의 발전은 우리의 일상과 직업 세계에 근본적인 변화를 가져오고 있습니다. 스마트폰으로 시작되는 아침, AI 비서와의 대화, 자율주행 자동차, 스마트 홈 시스템 등 우리의 일상 곳곳에서 이러한 변화를 체감할 수 있습니다. 업무 환경에서도 AI 기반 업무 자동화, 데이터 분석, 고객 서비스 등 다양한 영역에서 혁신적인 변화가 일어나고 있습니다. 이러한 변화의 시대에 코딩은 단순한 기술적 도구를 넘어 세상을 이해하고 활용하는 필수적인 언어가 되었습니다.

더욱 주목할 만한 점은 코딩의 진입장벽이 크게 낮아졌다는 것입니다. 과거에는 컴퓨터 공학을 전공하거나 소프트웨어 개발을 직업으로 하는 사람들만의 전유물로 여겨졌던 코딩이, 이제는 누구나 접근할 수 있는 생활 도구로 변모하고 있습니다. 초등학생들도 블록 코딩으로 자신만의 게임을 만들고, 취미로 웹사이트를 제작하는 직장인들이 늘어나고 있으며, 은퇴 후 새로운 도전으로 앱 개발을 시작하는 시니어들도 등장하고 있습니다.

이러한 변화를 가능하게 한 요인들은 다양합니다. 먼저, 교육 환경의 발전을 들 수 있습니다. 온라인 강좌, 코딩 부트캠프, 독학 가능한 교육 자료들이 풍부해졌고, 이는 시간과 장소에 구애받지 않는 학습을 가능하게 했습니다. 또한 개발 도구들도 더욱 사용자 친화적으로 발전했습니다. 복잡한 개발 환경 설정 없이도 웹 브라우저만으로 코딩을 시작할 수 있는 플랫폼들이 등장했고, 직관적인 사용자 인터페이스를 제공하는 개발 도구들이 보편화되었습니다.

특히 AI의 발전은 코딩의 진입장벽을 획기적으로 낮추는데 결정적인 역할을 했습니다. AI 코딩 어시스턴트들은 초보자들이 부딪히는 다양한 문제들을 해결하는데 도움을 주며, 때로는 복잡한 코드를 자동으로 생성해주기도 합니다. 이는 마치 외국어를 배울 때 번역기의 도움을 받는 것처럼, 코딩을 배우는 과정을 더욱 효율적이고 접근하기 쉽게 만들어주고 있습니다.

이제 코딩은 전문가들만의 영역이 아닌, 현대인의 기본적인 디지털 리터러시로 자리잡아가고 있습니다. 취미로 시작한 코딩이 부업이 되기도 하고, 새로운 커리어로 발전하기도 합니다. 더 이상 코딩은 '해야만 하는 것'이 아닌, '하고 싶은 것'이 되어가고 있으며, 이는 디지털 시대를 살아가는 우리에게 새로운 가능성의 문을 열어주고 있습니다.

1 산업혁명의 흐름과 현재

1.1 산업혁명의 역사적 진화

산업혁명의 역사는 인류 문명의 발전 과정을 보여주는 중요한 이정표입니다. 특히 현재 우리가 마주한 AI 시대의 변화를 이해하고 대응하기 위해서는, 과거 산업혁명들이 어떻게 사회를 변화시켰는지 살펴보는 것이 매우 중요합니다.

각각의 산업혁명은 단순한 기술의 발전을 넘어 사회 전반의 구조적 변화를 가져왔습니다. 1차 산업혁명 시기에 증기기관의 등장으로 많은 수공업자들이 일자리를 잃었지만, 동시에 공장 운영과 관련된 새로운 직업들이 생겨났습니다. 2차 산업혁명에서는 전기 에너지의 도입으로 생산 방식이 완전히 바뀌었고, 이는 포드 자동차의 성공 사례처럼 제품의 대중화를 이끌었습니다. 3차 산업혁명에서는 컴퓨터와 인터넷의 등장으로 정보 처리 방식이 혁명적으로 변화했고, IBM, 애플, 마이크로소프트와 같은 새로운 기업들이 세계 경제를 주도하게 되었습니다.

이러한 역사적 관점은 현재 진행 중인 4차 산업혁명과 AI 시대의 변화를 이해하는 데 중요한 통찰을 제공합니다. 과거의 산업혁명들이 그러했듯이, AI의 발전 역시 많은 직업을 없애고 새로운 직업을 만들어낼 것입니다. 특히 이전의 산업혁명들과 달리 4차 산업혁명은 육체노동뿐만 아니라 지적 노동까지도 자동화할 수 있다는 점에서 더욱 근본적인 변화를 가져올 것으로 예상됩니다.

따라서 산업혁명의 역사를 학습하는 것은 단순히 과거를 이해하는 것을 넘어, 현재와 미래의 변화를 예측하고 준비하는 데 필수적입니다. 각 산업혁명 시기에 성공적으로 적응했던 개인과 기업들의 사례는, 우리가 AI 시대에 어떻게 대응해야 할지에 대한 중요한 교훈을 제공합니다. 이는 특히 코딩을 배우고자 하는 사람들에게 더욱 의미있는 통찰을 제공하며, 왜 우리가 AI와 함께 코딩을 배워야 하는지에 대한 역사적 맥락을 제공합니다.

1. 1차 산업혁명: 기계화의 시작

18세기 영국을 중심으로 시작된 1차 산업혁명은 증기기관의 발명을 통해 인류 역사상 가장 큰 생산방식의 변화를 가져왔습니다. 수공업 중심의 생산 체계가 기계화된 생산 시스템으로 전환되면서 생산성이 비약적으로 향상되었습니다. 이 시기의 주요 특징은 다음과 같습니다:

- 증기기관의 도입으로 인한 동력 혁명 수작업에서 기계
- 생산으로의 전환 대량 생산 체제의 기반 구축
- 노동 시장의 구조적 변화

2. 2차 산업혁명: 전기 에너지의 혁신

전기 에너지의 활용은 생산 시스템을 한 단계 더 발전시켰습니다. 특히 컨베이어 벨트의 도입은 생산 효율성을 극대화했으며, 이는 포드 자동차의 대중화를 통해 잘 드러났습니다. 주요 변화는 다음과 같습니다:

- 전기 에너지 기반의 생산 시스템 확립 컨베이어 벨트를 통한 대량 생산 실현 제품의 대중화 실현
- 생산 원가 절감을 통한 소비재의 보편화

3. 3차 산업혁명: 디지털 시대의 개막

컴퓨터와 인터넷의 등장은 정보화 시대를 열었습니다. 이 시기에는 다음과 같은 혁신적 변화가 일어났습니다:

- 사무 자동화 시스템의 도입 디지털 기술의 보편화
- 정보 처리 능력의 혁신적 향상
- IBM, 인텔, 애플, 마이크로소프트 등 새로운 기업의 부상

4. 4차 산업혁명: AI 시대의 도래

현재 우리는 4차 산업혁명의 한가운데 있습니다. 이 시기의 특징은 다음과 같습니다:

- IoT, 블록체인, 양자컴퓨터, AI 등 첨단 기술의 융합 물리학, 디지털, 생물학 기술의 경계 소멸
- AI를 통한 기존 산업 구조의 근본적 변화에 따른 새로운 직업군의 등장과 기존 직업의 소멸

2 AI 시대의 사회 변화와 계급 구조

2.1 미래 사회의 계급 구조 전망: AI 시대의 경고와 기회

서울대 유기윤 교수팀이 제시한 2090년의 미래 계급 구조 전망은 단순한 미래 예측을 넘어, 현재 우리가 마주한 AI 혁명의 심각성과 시급성을 일깨우는 중요한 경고입니다. 2017년에 발표된 이 연구는 ChatGPT 등장 이전에 이루어졌음에도 불구하고, 현재 AI 기술의 발전 속도를 고려할 때 매우 정확한 통찰을 제공하고 있습니다.

1. 미래 사회의 계급 구분

이 연구가 제시하는 미래 사회의 계급 구조는 다음과 같습니다:

1계급 (0.001%): 플랫폼과 기술을 소유한 기업

- 현재의 구글, 메타, 마이크로소프트와 같은 기술 기업들
- AI 기술과 데이터를 독점적으로 보유한 조직들 글로벌 플랫폼을 장악한 소수의 기업들

2계급: 유명인

- 대중적 영향력을 가진 인플루언서 예술가, 창작자, 문화 생산자
- 독특한 개성과 창의성을 가진 개인들

3계급: AI

- 고도화된 인공지능 시스템 자동화된 의사결정 시스템
- 인간의 많은 역할을 대체하는 AI 엔진

4계급 (99%): AI보다 낮은 생산성을 가진 일반 인류

- AI보다 효율성이 떨어지는 일반 노동자 기술 활용능력이 부족한 계층
- 단순 반복적인 업무 수행자

2. 이 전망이 중요한 이유

1. 현실화되는 예측

이 전망이 특별히 주목받는 이유는 예측보다 더 빠른 속도로 현실화되고 있기 때문입니다. 2017년 당시에는 2090년의 먼 미래 예측으로 여겨졌으나, ChatGPT와 같은 AI 모델의 등장으로 이러한 변화가 훨씬 더 빠르게 진행될 수 있음이 입증되고 있습니다.

2. AI와 인간의 위계 변화

가장 충격적인 점은 AI가 대다수의 인간보다 높은 계급에 위치한다는 예측입니다. 이는 단순히 기술의 발전을 넘어, 인간 사회의 근본적인 구조 변화를 암시합니다. AI가 인간의 많은 역할을 대체하게 되면, AI를 효과적으로 활용하고 통제할 수 있는 능력이 새로운 계급 구분의 기준이 될 것입니다.

3. 양극화의 심화

전체 인구의 99%가 최하위 계급으로 분류된다는 예측은 심각한 사회적 양극화를 경고합니다. 이는 단순히 경제적 양극화를 넘어, 기술 활용 능력에 따른 새로운 형태의 사회적 격차가 심화될 수 있음을 시사합니다.

4. 대비의 필요성

이러한 전망은 우리에게 시급한 준비의 필요성을 일깨웁니다. 특히 AI를 이해하고 활용할 수 있는 능력, 즉 코딩과 AI 활용 능력의 습득이 미래 사회에서 계급 상승의 핵심 도구가 될 수 있음을 시사합니다.

3. 우리의 대응 방향

기술 역량 강화

- AI와 코딩 능력 개발 지속적인 학습과 적응
- 창의적 문제 해결 능력 배양

차별화된 가치 창출

- AI와 차별화되는 인간만의 강점 개발 창의성과 감성 지능 강화
- 복잡한 판단과 의사결정 능력 향상

적극적인 기술 수용

- AI를 두려워하지 않고 활용하는 자세 새로운 기술에 대한 열린 마인드
- 변화에 대한 능동적 대응

이러한 미래 전망을 이해하고 준비하는 것은, 단순히 위기를 피하기 위한 것이 아니라 새로운 기회를 포착하기 위한 필수적인 과정입니 다. AI 시대의 변화는 피할 수 없는 현실이지만, 이를 어떻게 준비하고 대응하느냐에 따라 위협이 될 수도, 기회가 될 수도 있습니다.

2.2 / AI 시대의 생존 전략

이러한 미래 사회에서 생존하기 위해서는 다음과 같은 전략이 필요합니다:

1. AI보다 높은 위치에서 AI를 통제할 수 있는 능력 확보
2. AI를 도구로 활용할 수 있는 기술적 역량 개발
3. 창의적이고 혁신적인 사고 능력 배양
4. 지속적인 학습과 적응 능력 향상

3 코딩 교육의 중요성

3.1 코딩 교육의 필요성

코딩 교육은 단순한 프로그래밍 기술 습득을 넘어 다음과 같은 다양한 역량을 개발하는 데 도움을 줍니다:

1. 논리적 사고력 향상
코딩은 문제를 논리적이고 순차적으로 해결하는 과정을 통해 다음과 같은 능력을 향상시킵니다:
- 문제 분석 능력
- 해결책 도출을 위한 논리적 사고 단계적 접근 방식 습득
- 체계적인 사고 방식 개발

2. 미래 기술에 대한 통찰력 획득
코딩 학습을 통해 얻을 수 있는 기술적 통찰력은 다음과 같습니다:
- 현대 기술의 작동 원리 이해
- 모바일 애플리케이션의 구조 파악 소프트웨어 개발
- 프로세스 이해 디지털 서비스의 구현 방식 습득

3. 창의력 증진
코딩은 본질적으로 창조적인 활동으로, 다음과 같은 측면에서 창의력을 향상시킵니다:
- 문제 해결을 위한 다양한 접근법 탐색 새로운 솔루션 개발 능력 향상
- 기존 코드의 창의적 응용 독창적인 서비스 기획 능력 개발

4. 경제적 가치 창출 가능성
코딩 능력은 다음과 같은 경제적 기회를 제공합니다:
- 독자적인 서비스 개발 가능
- 소프트웨어 기반 비즈니스 모델 구축
- 디지털 콘텐츠 제작 능력 확보
- 프리랜서 및 창업 기회 확대

4 AI의 중요성과 영향력

4.1 교육 혁신의 촉매제로서의 AI

AI는 교육 분야에서 다음과 같은 혁신을 가져오고 있습니다:

1. 맞춤형 학습 실현
- 개인별 학습 속도와 스타일 고려 실시간 피드백 제공
- 학습자의 강점과 약점 분석
- 최적화된 학습 경로 제시

2. 교육 효율성 향상
- 반복적 학습 지원
- 24시간 학습 보조 가능
- 즉각적인 질의응답 제공
- 학습 진도 실시간 모니터링

4.2 AI의 산업적 영향

1. 자동화와 효율성
AI는 다음과 같은 방식으로 업무 효율성을 향상시킵니다:
- 반복적 작업의 자동화
- 데이터 처리 속도 향상
- 인적 오류 감소
- 비용 절감 효과

2. 데이터 분석과 예측
AI의 데이터 처리 능력은 다음과 같은 이점을 제공합니다:
- 대규모 데이터 신속 분석
- 정확한 트렌드 예측
- 패턴 인식을 통한 인사이트 도출
- 의사결정 지원

5 AI와 함께하는 코딩의 장점

5.1 학습 효율성 향상

AI를 활용한 코딩 학습은 다음과 같은 장점을 제공합니다:

1. 다양한 학습 경험
- 실제 코드 예시 접근
- 다양한 프로그래밍 패턴 학습 실시간 오류 수정 가이드 최신 개발
- 트렌드 파악

2. 능동적 학습 태도 형성
- 문제 해결 중심의 학습 실시간 피드백을 통한 성장 자기 주도적 학습 가능
- 지속적인 동기 부여

5.2 실전 중심의 학습

AI를 활용한 코딩은 실제 개발 환경과 유사한 경험을 제공합니다:

1. 실무 지향적 접근
- 실제 프로젝트 기반 학습
- 현업에서 사용되는 코드 패턴 학습 문제 해결 중심의 실습
- 즉각적인 결과 확인

6 실습: AI를 활용한 첫 코딩 경험

6.1 개발 환경 구축

웹 기반 개발 환경인 Replit을 활용하여 다음과 같은 장점을 얻을 수 있습니다:

● 별도의 프로그램 설치가 불필요한 클라우드 기반의 개발 환경

● 즉시 실행 가능한 코드 작성

● 실시간 결과 확인

6.2 첫 번째 코드 작성

간단한 로그인 페이지 제작을 통해 다음을 경험합니다:

1. HTML 기본 구조 이해

```
〈!DOCTYPE html〉
〈html〉
〈head〉
     〈title〉첫 번째 웹페이지〈/title〉
〈/head〉
〈body〉
     〈h1〉안녕하세요〈/h1〉
〈/body〉
〈/html〉
```

2. AI를 활용한 코드 생성

● AI에게 원하는 기능 설명

● 자동으로 생성된 코드 활용

● 코드 수정 및 테스트

● 즉각적인 결과 확인

1. 실습: AI를 활용한 첫 코딩 경험

2. Replit 활용하기

1. 환경 설정

- replit.com에 접속하여 회원가입을 합니다.
- 'Create Repl' 버튼을 클릭하고 HTML을 선택합니다. 프로젝트 제목을 입력하고 생성합니다.

2. 기본 웹페이지 작성

- HTML 파일에서 기본 텍스트를 수정합니다.
- 웹뷰를 통해 결과를 실시간으로 확인할 수 있습니다.

3. AI 기능 활용

- AI 탭을 사용하여 로그인 폼 코드를 생성합니다.
- HTML과 JavaScript 코드를 각각의 파일에 붙여넣습니다.
- 웹뷰에서 결과를 확인합니다.

결론: 미래를 위한 준비

AI 시대의 코딩은 더 이상 선택이 아닌 필수입니다. AI와 함께하는 코딩 학습은 다음과 같은 의미를 가집니다:

1. 미래 사회의 필수 역량 획득
2. AI를 통제하고 활용할 수 있는 능력 개발
3. 창의적이고 논리적인 사고력 향상
4. 실질적인 문제 해결 능력 배양

이러한 학습을 통해 우리는 단순한 AI의 사용자가 아닌, AI를 활용하여 새로운 가치를 창출할 수 있는 생산자로 성장할 수 있습니다. 앞으로의 강의를 통해 이러한 능력을 체계적으로 키워나갈 것입니다.

코딩을 시작하기 전에 갖추어야 할 필수 지식

1. 코딩의 본질과 가치
2. 개발에 필요한 필수 프로그램
3. 개발 환경 구축 실습

들어가며: AI 시대의 코딩

지난 시간의 실습을 통해 우리는 놀라운 사실을 확인했습니다. 코딩에 대한 지식이 전무한 상태에서도, AI의 도움만으로 웹 화면에 원하는 결과물을 만들어낼 수 있다는 것입니다. 무작정 시작하더라도 할 수 있는 시대가 도래한 것입니다.

하지만 AI가 제공할 수 있는 코딩 지원에는 분명한 한계가 존재합니다. 예를 들어, 네이버와 같은 대규모 검색 사이트를 즉각적으로 만들어달라고 요청하면 AI는 이를 수행할 수 없습니다. 설령 시도하더라도 프로젝트의 규모가 크기 때문에 부분적으로 부적절한 코드들이 다수 존재하게 될 것입니다.

AI는 작은 단위의 코드 생성에는 탁월하지만, 전체 프로젝트의 통합과 조율은 여전히 인간의 몫입니다. 각 순간 필요한 코드를 요청하고, 이를 전체 프로그램에 맞게 조정하는 것은 개발자의 역할입니다. 따라서 원하는 웹 프로그램을 제대로 만들기 위해서는 코딩을 볼 수 있는 안목이 필요합니다.

AI 이전과 이후의 코딩 방식 변화

AI 이전의 코딩

모든 코드를 수작업으로 입력

필요한 모든 코드를 기억하고 숙달해야 함 오류 해결에 많은 시간 소요

세세한 코드 검토와 수정 능력이 핵심

AI 시대의 코딩

전체 프로그램의 구조를 보는 능력이 중요 코드 통합과 관리 능력이 핵심

필요한 코드를 AI에 요청하는 능력이 중요

거시적 관점에서의 프로그램 운용이 핵심

학습 목표

1. 기본적인 코딩 개념 정립
2. 프론트엔드와 백엔드의 개념 이해
3. 코드 편집기, FTP, 데이터베이스 접속, 터미널 프로그램 설치 및 환경 구성

1 코딩의 본질과 가치

1.1 코딩의 정의

코딩은 단순한 학문이 아닌 실용적인 기술입니다. 이는 깊이 연구하고 고민하는 것보다는, 자전거를 타거나 언어를 배우는 것처럼 자연스럽게 익숙해지는 과정이 필요한 분야입니다. 코딩의 정확한 의미는 '코드를 작성하는 것'이며, 여기서 코드는 컴퓨터와 소통하기 위한 언어를 의미합니다.

1.2 웹 개발의 구조

웹 개발에서 코드는 크게 프론트엔드와 백엔드로 구분됩니다.

1. 프론트엔드 (Front-end)

프론트엔드는 사용자에게 직접 보이는 부분을 담당합니다. 주요 언어:

- HTML: 웹페이지의 기본 구조 CSS: 디자인과 스타일링 JavaScript: 동적 기능 구현

추가 도구 및 프레임워크:

- jQuery
- React
- TypeScript
- Vue.JS
- AngularJS

비유하자면 다음과 같습니다:

- 자동차의 대시보드
- 인체의 외모(얼굴, 눈, 코, 입)
- 사용자와 직접 상호작용하는 모든 요소

2. 백엔드 (Back-end)

백엔드는 화면 뒤에서 작동하는 모든 기능을 담당합니다. 주요 언어:

- PHP

- ASP
- Java
- Node.JS
- Python
- Ruby

비유하자면 다음과 같습니다:
- 자동차의 엔진
- 인체의 뇌
- 데이터 처리와 연산을 담당하는 모든 요소

백엔드 언어는 선택적으로 하나만 익히더라도 충분합니다. 이러한 언어들을 통해 현재 우리가 사용하는 모든 웹 서비스가 구축되어 있습니다.

1.3 / 서버의 이해

1. 서버의 정의와 역할

서버는 우리가 작성한 프로그램들이 실제로 구동되는 컴퓨터입니다. HTML 파일과 같은 웹 문서를 저장하고, 이를 웹사이트 방문자들에게 제공하는 역할을 수행합니다. 서버는 24시간 중단 없이 운영되어야 하므로, 일반 PC보다 높은 사양과 안정성이 요구됩니다.

2. 클라우드 서버

물리적인 서버 구축에는 막대한 비용이 필요하지만, 클라우드 서버를 통해 이러한 부담을 줄일 수 있습니다.

- AWS(Amazon Web Services)
- 아마존의 핵심 사업
- 회사 가치를 1000배 이상 증가시킨 서비스
- 대규모 서버 인프라 구축 후 임대 서비스 제공
- 사용자는 필요한 만큼만 서버 자원을 임대하여 사용 가능

3. IP와 도메인 시스템

IP 주소

- 네트워크상의 컴퓨터 고유 주소
- 형식: xxx.xxx.xxx.xxx (각 자리 0-255 사이의 숫자) 4개의 숫자 그룹으로 구성
- 모든 네트워크 장치는 고유한 IP 주소 보유

도메인

- IP 주소를 기억하기 쉬운 문자로 변환 예: naver.com
- DNS 시스템을 통해 IP 주소로 자동 변환
- 사용자 편의성 증대

2. 서버 운영체제

서버 컴퓨터에도 운영체제가 필요하며, 크게 두 계열로 나뉩니다.

1. 윈도우 계열

- Windows NT

2. 리눅스 계열

- CentOS
- Ubuntu
- Red Hat

본 과정에서는 CentOS를 사용합니다. CentOS를 익히면 다른 리눅스 계열 운영체제도 쉽게 다룰 수 있게 됩니다.

2 개발에 필요한 필수 프로그램

2.1 서버 접속 프로그램

목적: 서버 PC에 직접 접속하여 조작 추천 프로그램:

- Termius (최신)
- XShell (기존)

2.2 FTP 프로그램

목적: 서버와 파일 송수신 추천 프로그램:

- FileZilla
- 특징: 직관적인 인터페이스로 파일 업로드/다운로드 가능

2.3 데이터베이스 관리 프로그램

데이터베이스 관리 프로그램

목적: 데이터베이스 관리 및 조작 추천 프로그램:

- Windows: HeidiSQL
- Mac: Sequel Pro

2.4 코드 편집기

코드 편집기

목적: 코드 작성 및 편집 추천 프로그램:

- Visual Studio Code (VSCode)
  - 현재 가장 널리 사용되는 코드 편집기 다양한 플러그인 지원
  - 직관적인 인터페이스

AI 코드 편집기 옵션:

- Replit
- Cursor
- GitHub Copilot (VSCode 플러그인)

본 과정에서는 Visual Studio Code를 주로 사용하고, AI 기능은 ChatGPT를 별도로 활용할 예정입니다.

이는 VSCode가 현재 업계 표준으로 사용되고 있어 기본기를 다지는데 더 적합하기 때문입니다.

3 개발 환경 구축 실습

3.1 Termius 설치

1. 공식 웹사이트(termius.com) 방문
2. 이메일 또는 구글 계정으로 가입
3. Windows용 설치 파일 다운로드
4. 설치 파일 실행 및 설치 진행
5. 프로그램 실행 후 로그인

3.2 FileZilla 설치

1. 공식 웹사이트 방문
2. FileZilla Client 다운로드 (Server 버전이 아님에 주의)
3. 설치 시 추가 프로그램 설치 제안은 거절
4. 기본 설정으로 설치 진행
5. 프로그램 실행하여 정상 작동 확인

3.3 HeidiSQL 설치

HeidiSQL 설치

공식 웹사이트에서 설치 파일 다운로드

설치 파일 실행

영어 인터페이스 선택

기본 설정으로 설치 진행

프로그램 실행하여 정상 작동 확인

3.4 Visual Studio Code 설치

1. 공식 웹사이트에서 Windows용 설치 파일 다운로드
2. 설치 파일 실행

3. 사용권 계약 동의

4. 기본 설정으로 설치 진행

5. 프로그램 실행하여 정상 작동 확인

마치며

이번 장에서는 웹 코딩을 위한 기본적인 지식과 필요한 개발 환경을 구축했습니다. 여기서 설명한 개념들이 아직 완전히 이해되지 않더라도 걱정하지 않으셔도 됩니다. 이러한 내용들은 앞으로의 챕터에서 반복적으로 다루어질 것이며, 실습을 통해 자연스럽게 익숙해질 것입니다.

코딩은 마치 자전거 타기와 같습니다. 자전거를 타기 전에 이론을 공부하고 넘어지지 않는 법을 연구하는 것보다, 실제로 타면서 균형을 잡는 법을 배우는 것이 더 효과적입니다. 처음에는 누구나 서투르지만, 꾸준한 연습을 통해 자연스럽게 숙달됩니다.

다음 장에서는 AI의 기본 개념과 효과적인 활용 방법에 대해 알아보도록 하겠습니다.

Chapter

3

AI의 기본 개념과 ChatGPT 활용법

1. AI 기반 코딩의 필요성과 장점
2. AI의 기본 개념과 발전 과정
3. LLM(Large Language Model)의 심층 이해
4. 프롬프트 엔지니어링의 고급 기법
5. ChatGPT 실전 활용 완벽 가이드
6. 실전 응용을 위한 추가 팁

들어가며: AI 시대의 새로운 코딩 패러다임

이전 장에서 우리는 코딩의 기본적인 개념을 학습하고 개발에 필요한 환경을 구축했습니다. 개발 도구의 설치부터 기초적인 프로그래밍 개념까지, 코딩을 시작하기 위한 기본적인 토대를 마련했습니다. 이러한 준비 과정을 통해 우리는 이제 실제 코드를 작성할 준비가 되었습니다.

그러나 본격적인 코딩을 시작하기에 앞서, 우리는 현대적인 개발 방식, 특히 AI를 활용한 효과적인 개발 방법을 이해할 필요가 있습니다. 과거의 프로그래밍이 모든 코드를 처음부터 직접 작성하는 방식이었다면, 현대의 코딩은 AI와의 협력을 통해 더욱 효율적이고 창의적으로 발전하고 있기 때문입니다.

이러한 변화는 단순한 도구의 진화를 넘어서는 패러다임의 전환을 의미합니다. AI는 이제 단순한 코드 자동완성이나 오류 검출을 넘어, 개발자의 의도를 이해하고 적절한 코드를 제안하며, 때로는 복잡한 알고리즘이나 기능을 자동으로 구현해주는 수준에 이르렀습니다. 이는 마치 숙련된 선배 프로그래머가 옆에서 실시간으로 조언해주는 것과 같은 경험을 제공합니다.

특히 주목할 만한 점은 이러한 AI 활용이 코딩의 진입장벽을 크게 낮추고 있다는 것입니다. 초보자들도 AI의 도움을 받아 복잡한 프로그램을 만들 수 있게 되었으며, 경험이 많은 개발자들은 AI를 통해 반복적인 작업을 줄이고 더 창의적인 문제 해결에 집중할 수 있게 되었습니다.

그러나 이는 동시에 새로운 도전과제도 제시합니다. AI가 제안하는 코드를 무비판적으로 수용하는 것이 아니라, 그것을 이해하고 적절히 활용할 수 있는 능력이 더욱 중요해졌습니다. 또한 AI와의 효과적인 협업을 위해서는 자신의 요구사항을 명확하게 전달하고, AI의 출력을 비판적으로 평가할 수 있는 능력이 필요합니다.

이러한 맥락에서 현대의 코딩 학습은 두 가지 측면을 동시에 고려해야 합니다. 하나는 프로그래밍의 기본 원리와 개념에 대한 탄탄한 이해이고, 다른 하나는 AI 도구를 효과적으로 활용하는 능력입니다. 이 두 가지가 조화롭게 결합될 때, 우리는 AI 시대의 진정한 개발자로 성장할 수 있을 것입니다.

앞으로의 학습 과정에서 우리는 이러한 새로운 패러다임을 충분히 활용하면서, 동시에 기본기를 탄탄히 다지는 균형 잡힌 접근을 시도 할 것입니다. 이를 통해 AI와 함께 성장하는 현대적인 개발자로서의 첫걸음을 내딛게 될 것입니다.

학습 목표

1. AI와 LLM(Large Language Model)의 기본 개념 완벽 이해
2. 다양한 LLM의 종류와 특징 파악
3. 프롬프트 엔지니어링의 원리와 실전 활용법 습득
4. ChatGPT의 효과적인 활용 방법 마스터

1 AI 기반 코딩의 필요성과 장점

1.1 / 왜 AI와 함께 코딩해야 하는가?

현대 소프트웨어 개발에서 AI의 활용은 선택이 아닌 필수가 되어가고 있습니다. 그 이유는 다음과 같습니다:

1. 개발 생산성의 혁신적 향상
- 반복적인 코드 작성 자동화
- 복잡한 알고리즘 구현 시간 단축
- 버그 수정 및 디버깅 효율화
- 코드 최적화 제안

2. 창의적 문제 해결 역량 강화
- 다양한 해결 방안 제시
- 새로운 관점과 아이디어 제공
- 최신 개발 트렌드 반영
- 코드 품질 향상

3. 학습 효율성 극대화
- 실시간 코드 리뷰
- 맞춤형 설명 제공
- 단계별 학습 가이드
- 실전 예제 즉시 생성

4. 개발 프로세스 최적화
- 문서화 작업 자동화
- 테스트 케이스 생성
- 코드 리팩토링 제안
- 성능 최적화 가이드

2 AI의 기본 개념과 발전 과정

2.1 AI(Artificial Intelligence)의 정의와 본질

AI는 단순한 프로그램이 아닌, 인간의 지능적 행동을 모방하고 때로는 뛰어넘는 기술 시스템입니다. 인간의 뇌세포와 신경망 구조를 모델로 하여 설계되었으며, 다음과 같은 핵심 특성을 가집니다:

1. 학습 능력
- 데이터로부터의 패턴 인식 경험 기반 성능 향상 새로운 상황 적응

2. 추론 능력
- 논리적 결론 도출
- 문제 해결 전략 수립
- 최적 해결책 제시

3. 자연어 처리
- 인간 언어 이해 문맥 파악
- 적절한 응답 생성

2.2 AI 발전의 현주소와 도전 과제

1. 컴퓨팅 인프라
- NVIDIA GPU의 핵심 역할
- 병렬 처리 능력
- 딥러닝 최적화
- 전력 효율성
- 전력 소비 문제
- 데이터센터 전력 사용량 증가
- 친환경 솔루션 필요성
- 에너지 효율 최적화

2. 기술적 과제
- 데이터 품질 관리
- 알고리즘 개선
- 윤리적 고려사항
- 보안 및 프라이버시

2.3 AI 관련 기술의 계층 구조

현대 AI 기술은 다음과 같은 계층적 구조를 가집니다:

1. 인공지능(AI)
- 가장 포괄적인 개념
- 지능적 행동 구현
- 다양한 하위 기술 포함

2. 머신러닝(Machine Learning)
- AI의 핵심 하위 분야
- 데이터 기반 학습
- 패턴 인식 및 예측
- 알고리즘 기반 의사결정

3. 딥러닝(Deep Learning)
- 머신러닝의 전문 분야
- 인공신경망 활용
- 다층 구조 학습
- 복잡한 패턴 인식

3 LLM(Large Language Model)의 심층 이해

3.1 LLM의 정의와 기본 원리

LLM(Large Language Model)은 대규모 언어 모델로, 인간의 언어를 이해하고 생성할 수 있는 고도화된 AI 시스템입니다. 이는 단순한 텍스트 처리를 넘어서 맥락 이해, 논리적 추론, 그리고 창의적인 콘텐츠 생성까지 가능한 혁신적인 기술입니다.

LLM의 핵심 특징은 다음과 같습니다:

1. 언어 처리 능력
- 자연어 이해 및 생성
- 맥락 기반 응답 생성
- 다국어 지원
- 문법 및 문맥 분석

2. 학습 및 추론
- 대규모 데이터 기반 학습
- 패턴 인식 및 적용
- 논리적 추론 능력
- 지식 일반화

3. 생성 능력
- 텍스트 생성
- 코드 작성
- 창의적 콘텐츠 제작
- 문제 해결 방안 제시

1. ChatGPT (OpenAI)

1. 특징:

- 가장 대중적인 LLM
- 다목적 활용 가능
- 지속적 성능 개선

2. 활용 분야

- 일반 대화
- 코드 작성
- 창작 활동
- 교육 지원

2. Claude (Anthropic)

1. 특징:

- 높은 정확도
- 윤리적 판단 중시
- 전문적 작업 특화

2. 활용 분야

- 학술 연구 전문 분석
- 복잡한 추론 작업

3. Gemini (Google)

1. 특징:

- 멀티모달 처리
- 안드로이드 시스템 통합
- 실시간 정보 활용

2. 활용 분야

- 모바일 애플리케이션
- 통합 서비스
- 실시간 데이터 분석

4. Llama (Meta AI Research)

1. 특징:

- 오픈소스 기반
- 로컬 설치 가능
- 커스터마이징 자유도

2. 활용 분야

- 개인 서버 구축
- 맞춤형 AI 개발
- 연구 및 실험

4 프롬프트 엔지니어링의 고급 기법

4.1 프롬프트의 본질적 이해

프롬프트는 AI와의 효과적인 커뮤니케이션을 위한 핵심 도구입니다. AI의 능력이 아무리 뛰어나도, 프롬프트의 품질에 따라 결과물의 수준이 크게 달라질 수 있습니다.

1. 효과적인 프롬프트 작성 원칙

1. 명확성 원칙

- 구체적인 지시사항 포함
- 모호한 표현 제거
- 목표의 명확한 설정

2. 구조화 원칙

- 단계별 지시사항 제공
- 논리적 순서 유지
- 우선순위 명시

3. 컨텍스트 제공

- 배경 정보 포함 제약 조건 명시
- 예상 결과물 형식 설명

기본적인 번역 요청:

Hello, I am a student를 번역해주세요.

고급 프롬프트 구성:

안녕하세요. 귀하는 이제부터 전문 영한 번역 시스템의 역할을 수행합니다. 다음 규칙을 준수해 주시기 바랍니다:
1. 출력 형식:
    – 영문 원문을 굵은 글씨로 표시
    – 한 줄 띄우기
    – 한글 번역문을 괄호 안에 표시

2. 응답 규칙:
    – 한글 질문에는 "OK, let's roll"로만 응답
    – 추가 설명이나 한글 대화 금지
    – 번역문만 제시

3. 품질 기준:
    – 문맥에 맞는 자연스러운 번역
    – 한국어 어법 준수
    – 전문용어 정확성 유지

위 지침을 이해했다면, "OK, let's roll"을 표시하여 시작하겠습니다.

5 ChatGPT 실전 활용 완벽 가이드

5.1 계정 생성 및 설정 프로세스

1. 초기 접속

- chat.openai.com 방문

- 회원가입 버튼 선택

- 가입 방식 선택 (이메일/소셜)

2. 계정 인증
- 이메일 주소 확인
- 인증 코드 입력
- 개인정보 설정

3. 프로필 설정
- 기본 정보 입력
- 관심 분야 선택
- 사용 목적 설정

5.2 / ChatGPT 버전 상세 비교

1. 무료 버전 (ChatGPT 3.5 또는 mini버전 등 최신버전 적용X)
1. 기본 기능:
- 텍스트 기반 대화
- 코드 생성
- 문제 해결 지원 제한 사항:
- 요청 횟수 제한
- 응답 지연 가능성
- 기본 모델만 사용 가능

2. Plus 버전 ($20/월)
1. 고급 기능:
- GPT-4 모델 사용
- 이미지 생성/분석
- 파일 업로드/처리
- 웹 검색 통합

2. 추가 혜택:
- 빠른 응답 속도
- 우선 접속 권한
- 베타 기능 사용
- 확장된 사용량 한도

5.3 ChatGPT 효과적 활용 전략

1. 대화 구조화 방법
1. 주제별 대화 분리:

- 새로운 채팅 시작
- 주제별 정리
- 참조 용이성 확보
- 단계적 접근
- 개요부터 시작
- 세부사항 전개
- 구체적 예시 요청

2. 대화 관리 테크닉
1. 채팅 세션 관리:

- 적절한 제목 설정
- 중요 대화 북마크
- 검색 가능한 키워드 활용

2. 내용 정리:

- 주요 포인트 요약
- 결론 도출
- 후속 질문 준비

5.4 실제 활용 사례 분석

1. 웹 개발 학습 시나리오

입력: "웹 프론트엔드를 공부할 수 있는 내용"

ChatGPT 응답:
1. HTML
   - 기본 구조
   - 시맨틱 태그
   - 폼과 입력 요소

2. CSS
  - 선택자와 속성
  - 레이아웃 설계
  - 반응형 디자인

3. JavaScript
  - 기본 문법
  - DOM 조작
  - 이벤트 처리

추가 상세 정보 요청: "1. HTML 자세히"

ChatGPT 상세 응답:
11 HTML 기본 구조
〈!DOCTYPE html〉
〈html〉
〈head〉
      〈title〉문서 제목〈/title〉
〈/head〉
〈body〉
      문서 내용
〈/body〉
〈/html〉

각 요소 설명:
  - DOCTYPE: HTML5 문서 선언
  - html: 루트 요소
...

2. 단계적 정보 획득 전략

- 기본 개요 파악

- 관심 영역 심화

- 학습

- 실습 예제 요청

- 문제해결

- 가이드 획득

6 실전 응용을 위한 추가 팁

1. 효과적인 질문 전략
- 명확한 목표 설정
- 단계적 접근
- 구체적 예시 요청
- 피드백 반영

2. 결과물 최적화
- 형식 지정
- 품질 기준 제시
- 사용 목적 명시
- 제약사항 안내

3. 오류 대응
- 명확한 오류 보고
- 대안 접근법
- 요청 문제 해결 과정 기록
- 개선사항 피드백

마치며

이번 장에서는 AI와 ChatGPT의 기본 개념부터 실전적인 활용법까지 포괄적으로 다루었습니다. AI 시대의 코딩은 더 이상 개발자 혼자만의 작업이 아닌, AI와의 효과적인 협업을 통한 창의적 과정임을 이해했습니다.

특히 프롬프트 엔지니어링의 중요성과 단계적 접근 방법이 AI 활용의 핵심임을 강조하고자 합니다. 이러한 기술을 효과적으로 활용함으로써, 개발 과정의 효율성과 결과물의 품질을 크게 향상시킬 수 있습니다.

ChatGPT를 활용한 플래시카드 웹 애플리케이션 개발

1. 플래시카드 웹 애플리케이션 개발 프로세스
2. 실전 개발 과정

들어가며: AI 시대의 실전적 웹 개발

지난 장들을 통해 우리는 웹 개발의 기본 개념, 개발 환경 구축, 그리고 AI의 기본 원리를 학습했습니다. HTML과 CSS의 기초적인 구조부터 시작하여 JavaScript의 동작 원리, 그리고 현대 웹 개발에서 AI가 차지하는 역할까지, 웹 개발의 핵심적인 기반을 다졌습니다. 이러한 이론적 기초는 앞으로 진행할 실제 프로젝트의 중요한 토대가 될 것입니다.

이제 우리는 이 지식을 실제 프로젝트에 적용해보는 단계로 나아가려 합니다. 특별히 이번 장에서는 코딩 지식이 없는 상태에서도 ChatGPT만을 활용하여 실용적인 웹 애플리케이션을 개발하는 과정을 상세히 다룰 것입니다. 이는 단순한 실습을 넘어서, AI 시대의 새로운 개발 방법론을 경험하는 의미 있는 과정이 될 것입니다.

이러한 접근 방식은 전통적인 프로그래밍 학습 방법과는 크게 다릅니다. 과거에는 프로그래밍 언어의 문법과 원리를 철저히 학습한 후에야 실제 프로젝트를 시작할 수 있었지만, AI의 도움을 받는 현대적 접근 방식에서는 기본적인 개념만 이해하고 있다면 훨씬 더 빠르게 실제 개발을 시작할 수 있습니다.

이번 프로젝트에서 개발할 플래시카드 웹 애플리케이션은 학습 도구로서 실제 활용 가능한 수준의 프로그램입니다. 단순한 예제가 아닌, 실제로 사용할 수 있는 애플리케이션을 만들어봄으로써, 웹 개발의 전체 과정을 실질적으로 경험할 수 있을 것입니다. 사용자 인터페이스 설계부터 데이터 처리, 그리고 사용자 상호작용까지, 현대적인 웹 애플리케이션이 갖춰야 할 주요 요소들을 모두 다루게 될 것입니다.

특히 주목할 점은 이 과정에서 ChatGPT를 단순한 코드 생성 도구가 아닌, 프로그래밍 파트너로 활용하는 방법을 배우게 된다는 것입니다. AI와의 효과적인 대화 방법, 적절한 질문 전략, 생성된 코드의 검증과 수정 방법 등, AI 시대의 개발자에게 필수적인 스킬들을 실전적으로 익힐 수 있을 것입니다.

이러한 접근은 동시에 현대 소프트웨어 개발의 본질적인 측면도 경험하게 해줍니다. 실제 프로젝트에서 마주치는 문제 해결 과정, 요구 사항 분석, 단계적 개발 방법론 등을 직접 체험함으로써, 프로그래밍이 단순한 코드 작성 이상의 창의적이고 체계적인 과정임을 이해하게 될 것입니다.

이번 장을 통해 우리는 AI 시대의 새로운 개발 패러다임을 직접 경험하고, 미래의 프로그래밍이 어떤 방향으로 발전해 갈 것인지에 대한 통찰도 얻게 될 것입니다. 이는 앞으로의 학습 여정에서 중요한 이정표가 될 것이며, 현대적인 개발자로 성장하는데 필수적인 경험이 될 것입니다.

학습 목표
1. ChatGPT를 활용한 실전 웹 애플리케이션 개발 경험 획득
   - AI 기반 개발 프로세스 이해
   - 요구사항 분석과 구현 능력 향상
   - 단계적 개발 방법론 습득
2. 웹 애플리케이션 개발의 전체 프로세스 이해
   - 기획부터 구현까지의 개발 흐름 파악
   - 코드 작성과 테스트 과정 학습
   - 피드백을 통한 개선 방법 습득
3. 교육용 웹 애플리케이션의 가능성 탐구
   - 학습 도구로서의 웹 애플리케이션 이해
   - 사용자 경험 설계의 중요성 인식
   - 교육적 효과를 고려한 기능 설계
4. Visual Studio Code의 실전적 활용
   - 코드 편집기의 기본 기능 숙달
   - 파일 관리 및 프로젝트 구조화 능력 향상
   - 효율적인 개발 환경 설정 방법 습득

1 플래시카드 웹 애플리케이션 개발 프로세스

1.1 프로젝트 개요

플래시카드는 효과적인 학습 도구로 널리 활용되고 있습니다. 특히 어휘 학습에서 그 효과가 입증되었으며, 이를 웹 애플리케이션으로 구현함으로써 더욱 효율적인 학습 경험을 제공할 수 있습니다.

1.2 개발 단계 상세 설명

1. 초기 기획 단계
- 요구사항 정의
- 기능 명세 작성
- UI/UX 구상

2. ChatGPT 활용 단계
- 개발 컨셉 설명
- 코드 요청 및 수정
- 피드백 반영

3. 구현 단계
- 코드 작성
- 기능 테스트
- 오류 수정

4. 개선 단계
- 사용자 피드백 수집
- 기능 개선
- 최적화

1.3 ChatGPT 활용 시 주의사항

본 실습에서는 GPT-4o 버전을 사용하고 있으나, 다른 버전을 사용하더라도 개발 방법론은 동일하게 적용됩니다. AI 기술은 지속적으로 발전하고 있으므로, 버전 차이로 인한 결과물의 차이는 있을 수 있으나 기본적인 접근 방식은 변함이 없습니다.

2 실전 개발 과정

2.1 ⟋ 초기 요구사항 상세 정의

플래시카드 웹 애플리케이션의 기본 요구사항은 다음과 같습니다:

1. 기술적 요구사항

- HTML, CSS, JavaScript만을 사용한 프론트엔드 개발
- 모던 웹 브라우저 호환성 확보
- 반응형 디자인 적용

2. 기능적 요구사항

- 카드의 앞면과 뒷면을 순차적으로 보여주는 기능
- 영어 단어와 한글 의미 매칭 기능
- 학습 모드와 테스트 모드 구분
- 결과 피드백 제공

3. 사용자 경험 요구사항

- 직관적인 인터페이스
- 명확한 피드백
- 자연스러운 학습 흐름

2.2 ⟋ 개발 환경 상세 설정

1. Visual Studio Code 프로젝트 구조 설정

1. 프로젝트 폴더 생성

```
C:\Flashcard\
```

2. 필요한 파일 구성

```
flashcard.html – 기본 구조 및 UI 요소
style.css       – 디자인 및 레이아웃
script.js       – 동적 기능 구현
```

3. 파일 접근 및 관리

- 파일 탐색기를 통한 접근
- VS Code 내부 탐색기 활용
- 파일 확장자 표시 설정

2.3 단계별 코드 구현 과정

1. 초기 구현 단계

1. ChatGPT에 전달할 초기 요구사항 작성

암기용 플래시카드 웹앱 개발
- HTML, CSS, JS만을 사용
- 시작 시 단어와 뜻을 빠르게 보여주기
- 영어 단어를 한글로 맞추는 모드 구현

2. 생성된 코드 파일별 적용

- HTML 구조 설정
- CSS 스타일 적용
- JavaScript 기능 구현

3. 초기 기능 테스트 및 문제점 파악

- 브라우저에서 실행
- 기능 동작 확인
- 개선점 도출

2. 기능 개선 단계

초기 구현 후 발견된 주요 문제점들:

1. UI/UX 관련 문제

- 시작과 동시에 답안 입력 요구
- 단어와 의미의 비동기적 표시
- 불필요한 UI 요소 노출

2. 기능적 문제

- 학습 모드 부재
- 피드백 시스템 미흡
- 사용자 조작 제한

이러한 문제점들을 해결하기 위한 ChatGPT 요청 사항:

1. 학습 단계
   - 단어와 뜻 동시 표시
   - 각 카드당 2초씩 노출
   - 입력 필드 숨김 처리

2. 테스트 단계
   - 모든 카드 학습 후 시작
   - 랜덤 순서로 단어 제시
   - 즉각적인 피드백 제공

2.4 코드 관리 및 최적화

1. 파일 관리 시스템

Visual Studio Code에서 효율적인 파일 관리를 위한 주요 기능들:

1. 저장 관리

- Ctrl + S를 통한 빠른 저장
- 파일 상단의 흰색 점으로 변경 사항 확인
- 자동 저장 기능 활용

2. 파일 탐색

- 좌측 탐색기 패널 활용
- 파일 간 빠른 전환
- 탭 기반 파일 관리

3. 코드 편집

- Ctrl + A: 전체 선택
- Ctrl + Z: 실행 취소
- Ctrl + V: 붙여넣기

2. 브라우저 테스트 환경

1. 파일 실행 방법

- HTML 파일 직접 실행
- 브라우저 선택 (Chrome 권장) 파일 경로 관리

2. 테스트 기법

- Ctrl + R을 통한 빠른 새로고침

- 개발자 도구를 통한 디버깅
- 다양한 브라우저 환경 테스트

2.5 실제 구현 코드 분석

1. HTML 구조

```html
<!DOCTYPE html>
<html>
<head>
    <title>플래시카드 학습</title>
    <link rel="stylesheet" href="style.css">
</head>
<body>
    <div id="flashcard">
        <div id="word"></div>
        <div id="meaning"></div>
        <input type="text" id="answer" placeholder="정답을 입력하세요">
        <button id="submit">제출</button>
    </div>
    <script src="script.js"></script>
</body>
</html>
```

2. CSS 스타일

```css
#flashcard {
    margin: 50px auto;
    width: 300px;
    text-align: center;
}

#word, #meaning {
    font- size: 24px;
    margin: 20px;
}

#answer {
    width: 200px;
    padding: 10px;
    margin: 10px;
}
```

```css
#submit {
    padding: 10px 20px;
    background- color: #4CAF50;
    color: white;
    border: none;
    cursor: pointer;
}
```

3. JavaScript 코드 구조

```javascript
// 단어 목록 정의
const cards = [
    { word: "apple", meaning: "사과" },
    { word: "banana", meaning: "바나나" },
    { word: "cat", meaning: "고양이" },
    { word: "dog", meaning: "개" },
    { word: "house", meaning: "집" }
];

// 학습 모드 구현
async function showLearningMode() {
    const wordDiv = document.getElementById('word');
    const meaningDiv = document.getElementById('meaning');

    for (let card of cards) { wordDiv.textContent =
        card.word; meaningDiv.textContent = card.meaning;
        await new Promise(resolve => setTimeout(resolve, 2000));
}

    startTestMode();
}

// 테스트 모드 구현
function startTestMode() {
    // 테스트 로직 구현
}
```

2.6 / 프로젝트 개선 및 확장

1. 현재 구현된 기능

1. 기본 학습 모드

- 단어와 의미 동시 표시

- 2초 간격 자동 전환
- 순차적 학습 진행

2. 테스트 모드
- 무작위 단어 출제
- 즉각적인 정답 확인
- 결과 피드백 제공

2. 향후 개선 가능한 기능

1. 데이터 관리
- 로컬 스토리지 활용
- 사용자 정의 단어장
- 학습 진도 저장

2. 사용자 경험 개선
- 애니메이션 효과 추가
- 반응형 디자인 적용
- 다크 모드 지원

3. 학습 기능 확장
- 복습 모드 추가
- 통계 기능 구현
- 난이도 설정 옵션

4. 소셜 기능
- 단어장 공유
- 학습 현황 공유
- 협업 학습 지원

2.7 개발 과정에서의 주요 시사점

1. AI 활용의 장점

1. 신속한 프로토타입 개발
- 기본 기능 빠른 구현
- 즉각적인 피드백
- 유연한 수정 가능

2. 학습 효율성 향상

- 실전 경험 획득

- 코드 구조 이해

- 개발 프로세스 학습

2. 주의해야 할 점

1. 코드 이해의 중요성

- 맹목적 복사 지양

- 구조적 이해 필요

- 단계적 학습 중요

2. 품질 관리

- 지속적인 테스트

- 사용자 피드백 반영

- 코드 최적화 고려

마치며

이번 장에서 우리는 ChatGPT를 활용하여 실제 작동하는 플래시카드 웹 애플리케이션을 개발했습니다. 이 과정은 전통적인 교재 학습과는 달리, 실제 프로젝트를 통해 웹 개발의 전체적인 흐름을 경험할 수 있는 기회를 제공했습니다.

특히 주목할 점은 코딩 지식이 전무한 상태에서도 AI의 도움으로 실용적인 웹 애플리케이션을 개발할 수 있다는 것입니다. 이는 AI 시대의 새로운 학습 방법론을 보여주는 좋은 예시가 됩니다.

향후 HTML, CSS, JavaScript에 대한 심도 있는 학습을 통해 코드에 대한 이해도가 높아진다면, 이번 경험은 더욱 의미 있는 기초가 될 것입니다. 실제 프로젝트 경험을 통해 얻은 통찰력은 앞으로의 학습 과정에서 큰 도움이 될 것입니다.

웹 서비스의 기본 구조와 작동 원리

들어가며: 실무 중심의 웹 개발 이해

지난 장에서 우리는 ChatGPT를 활용하여 플래시카드 웹 애플리케이션을 성공적으로 구현했습니다. 이는 단순한 정보 제공 웹페이지를 넘어서, 사용자의 입력을 받아 처리하고 적절한 피드백을 제공하는 양방향 통신이 가능한 웹 애플리케이션이었습니다. 이러한 성과는 코딩에 대한 깊은 이해가 없더라도 AI를 효과적으로 활용하여 실용적인 웹 애플리케이션을 만들 수 있다는 가능성을 입증했습니다.

학습 목표
1. IT 서비스의 전체 구조 파악
   - 서비스 구성 요소 이해
   - 각 요소 간의 상호작용 이해
   - 데이터 흐름 파악
2. 거시적 관점의 중요성 인식
   - 전체 시스템 조망 능력 향상
   - 각 구성 요소의 역할 이해
   - 시스템 통합적 사고 개발
3. IT 전문 용어의 습득과 이해
   - 핵심 용어의 개념 파악
   - 실무 적용 맥락 이해
   - 의사소통 능력 향상

1 AI 활용의 확장성과 가능성

1.1 AI 활용 범위의 확장

우리의 지식과 이해가 확장될수록 AI를 통해 구현할 수 있는 기능의 범위도 크게 넓어집니다. 예를 들어 다음과 같은 고급 기능들을 구현할 수 있게 됩니다:

1. **사용자 관리 시스템**
- 회원가입/로그인 기능
- 사용자 인증/인가
- 프로필 관리

2. **데이터베이스 연동**
- 데이터 저장/조회
- 데이터 분석
- 실시간 데이터 처리

3. **결제 시스템**
- 온라인 결제 연동
- 결제 이력 관리
- 환불 처리

4. **외부 서비스 연동**
- API 통합
- 소셜 미디어 연동
- 외부 데이터 활용

1.2 AI 활용의 핵심 요소

효과적인 AI 활용을 위해서는 다음 사항들이 중요합니다:

1. **명확한 요구사항 정의**
- 구현하고자 하는 기능의 명확한 정의
- 세부 요구사항 파악
- 제약사항 이해

2. 단계적 접근

- 복잡한 기능의 단계별 구현

- 피드백을 통한 개선

- 점진적 기능 확장

3. 품질 관리

- 코드 검증

- 오류 처리

- 성능 최적화

2 웹 서비스의 기본 구조와 작동 원리

2.1 사용자와 프론트엔드의 상호작용

1. 사용자 인터페이스(UI/UX)

사용자 인터페이스는 웹 서비스와 사용자 간의 접점으로, 다음과 같은 요소들로 구성됩니다:

1. 시각적 요소

- 레이아웃

- 색상과 디자인

- 타이포그래피

- 이미지와 아이콘

2. 상호작용 요소

- 버튼과 링크

- 입력 폼

- 메뉴와 네비게이션

- 피드백 메시지

3. 사용자 경험 설계

- 직관적인 조작성

- 접근성

- 반응성

- 일관성

2. DNS(Domain Name Server) 시스템

DNS는 인터넷의 전화번호부와 같은 역할을 수행합니다:

1. 작동 원리

- 도메인 이름을 IP 주소로 변환
- 계층적 구조를 통한 효율적인 관리
- 전 세계적 분산 시스템

2. DNS 조회 과정

- 사용자의 URL 입력
- DNS 서버 조회
- IP 주소 확인
- 해당 서버 접속

2.2 프론트엔드와 백엔드의 통신 구조

1. API(Application Programming Interface) 통신

API는 프론트엔드와 백엔드 간의 통신을 가능하게 하는 중요한 인터페이스입니다. 식당의 메뉴판에 비유하자면, API는 고객(프론트엔드)이 주문할 수 있는 메뉴(기능)들의 목록이며, 주방(백엔드)에서 이를 처리하여 결과물을 제공하는 체계화된 시스템입니다.

1. API의 기본 구조

- 엔드포인트: API 호출을 위한 특정 URL
- HTTP 메서드: GET, POST, PUT, DELETE 등
- 요청 데이터: 클라이언트가 서버에 전송하는 정보
- 응답 데이터: 서버가 클라이언트에 반환하는 결과

2. API 작동 방식

- 프론트엔드의 API 호출
- 백엔드의 요청 수신 및 처리
- 데이터베이스 작업 수행
- 결과 데이터 가공
- JSON 형식으로 응답 반환

2. 백엔드 시스템의 구조

백엔드 시스템은 MVC(Model-View-Controller) 아키텍처를 기반으로 구성되며, 각 부분이 특정 역할을 담당합니다:

1. Model (모델)

- 데이터 구조 정의
- 데이터베이스 상호작용
- 비즈니스 로직 처리
- 데이터 유효성 검증

2. View (뷰)

- 데이터 표현 방식 정의
- 사용자 인터페이스 템플릿
- 동적 콘텐츠 생성
- 데이터 포맷팅

3. Controller (컨트롤러)

- 사용자 요청 처리
- Model과 View 연결
- 비즈니스 로직 조정
- 전체 흐름 제어

2.3 / 데이터베이스 시스템과 상호작용

1. SQL 쿼리 시스템

SQL(Structured Query Language)은 데이터베이스와의 상호작용을 위한 표준화된 언어입니다:

1. 주요 SQL 명령어

- SELECT: 데이터 조회
- INSERT: 데이터 삽입
- UPDATE: 데이터 수정
- DELETE: 데이터 삭제

2. 쿼리 최적화

- 인덱스 활용
- 조인 최적화
- 캐싱 전략
- 실행 계획 분석

2. JSON 데이터 처리

JSON(JavaScript Object Notation)은 데이터 교환을 위한 경량 형식입니다:

1. JSON 구조

- 객체: 키-값 쌍의 집합
- 배열: 순서가 있는 값의 목록
- 데이터 타입: 문자열, 숫자, 불리언, 객체, 배열, null

2. JSON 활용

- 데이터 직렬화
- API 응답 포맷
- 설정 파일 형식
- 데이터 저장 형식

2.4 서버 시스템과 호스팅

1. 서버 인프라

현대의 웹 서비스는 다양한 서버 인프라 옵션을 활용할 수 있습니다:

1. 클라우드 서비스

- AWS(Amazon Web Services)
- Google Cloud Platform
- Microsoft Azure
- 국내 호스팅 서비스

2. 서버 구성 요소

- 웹 서버
- 애플리케이션 서버
- 데이터베이스 서버
- 캐시 서버

2. 도메인과 호스팅 관리

웹 서비스 운영을 위한 기본 인프라 관리:

1. 도메인 관리

- 도메인 등록
- DNS 설정
- SSL 인증서 관리

- 서브도메인 설정

2. 호스팅 서비스

- 공유 호스팅
- VPS(Virtual Private Server)
- 클라우드 호스팅
- 전용 서버

3. 실제 웹 서비스 작동 예시

다음은 사용자가 유튜브와 같은 서비스를 이용할 때의 전체 프로세스입니다:

1. 초기 접속 단계

- 사용자가 youtube.com 입력
- DNS 서버가 IP 주소 조회
- 해당 IP의 서버로 연결

2. 메인 페이지 로드

- 프론트엔드 파일 다운로드
- 초기 데이터 요청
- UI 렌더링

3. 사용자 상호작용

- 동영상 클릭
- API 요청 발생
- 백엔드 처리
- 결과 표시

3 IT 서비스 용어 정리

웹 개발에서 자주 사용되는 주요 용어들을 정리하면 다음과 같습니다:

1. User: 서비스의 최종 사용자를 지칭하며, 웹 서비스와 직접 상호작용하는 주체입니다.

2. UI/UX:

  ● UI: 사용자 인터페이스, 시각적 요소와 상호작용 방식

  ● UX: 사용자 경험, 서비스 사용 과정에서의 전반적인 경험

3. Frontend: 사용자가 직접 보고 상호작용하는 클라이언트 측 인터페이스입니다.

4. Backend: 서버 측에서 실행되는 비즈니스 로직과 데이터 처리를 담당하는 시스템입니다.

5. SQL: 데이터베이스 관리 및 조작을 위한 표준화된 프로그래밍 언어입니다.

6. Database: 구조화된 데이터를 저장, 관리, 검색하는 시스템입니다.

7. API: 서로 다른 소프트웨어 구성 요소 간의 통신 방법을 정의하는 인터페이스입니다.

8. DNS: 도메인 이름을 IP 주소로 변환하는 인터넷의 이름 확인 시스템입니다.

9. IP: 네트워크상에서 장치를 식별하는 고유한 주소 체계입니다.

10. Server: 클라이언트에게 서비스를 제공하는 컴퓨터 시스템입니다.

마치며

이번 장에서는 웹 서비스의 기본 구조와 작동 원리를 살펴보았습니다. 복잡해 보이는 시스템도 기본 요소들로 분해하여 이해하면 훨씬 명확해진다는 점을 알 수 있었습니다. 특히 전체 시스템을 조망하는 능력의 중요성과 함께, ChatGPT를 활용하여 어려운 개념들을 쉽게 이해할 수 있다는 점도 확인했습니다.

향후 학습에서는 이러한 기본 개념들을 바탕으로, 더욱 복잡한 웹 서비스를 구현하는 방법을 살펴볼 것입니다. 전체 시스템의 구조를 이해하고 있다면, 각 구성 요소를 구현하고 통합하는 과정이 훨씬 수월해질 것입니다.

Chapter

6

ChatGPT API를 활용한
웹 애플리케이션 개발

지난 장에서 우리는 플래시카드 웹 애플리케이션을 성공적으로 구현했습니다. HTML, CSS, JavaScript를 활용하여 기본적인 웹 애플리케이션의 구조를 만들고, ChatGPT의 도움으로 필요한 기능들을 구현해냈습니다. 이는 코딩 지식이 제한적인 상태에서도 AI의 도움을 받아 실용적인 웹 애플리케이션을 개발할 수 있다는 가능성을 명확히 보여주었습니다.

이번 장에서는 한 걸음 더 나아가 ChatGPT API를 활용하여 애플리케이션을 고도화하는 방법을 살펴보겠습니다. API(Application Programming Interface)는 서로 다른 소프트웨어 시스템 간의 통신을 가능하게 하는 중요한 도구입니다. 특히 ChatGPT API는 우리의 애플리케이션에 인공지능의 강력한 기능을 더할 수 있게 해주는 새로운 가능성의 문을 열어줍니다.

기존의 플래시카드 애플리케이션은 우리가 직접 입력한 정적인 데이터만을 사용했습니다. 마치 고정된 크기의 연못에서 물고기를 잡는 것과 같이, 사용할 수 있는 데이터의 범위가 제한적이었습니다. 하지만 ChatGPT API를 활용하면 이러한 제약에서 벗어나 무한한 데이터의 바다로 나아갈 수 있습니다. 사용자의 질문이나 요청에 따라 실시간으로 새로운 학습 콘텐츠를 생성하고, 더 깊이 있는 상호작용이 가능해지는 것입니다.

이러한 API 통합은 단순한 기능 추가 이상의 의미를 가집니다. 이는 우리의 애플리케이션이:

1. 실시간 데이터 처리 능력을 갖추게 되고
2. 사용자별 맞춤형 콘텐츠를 제공할 수 있으며
3. 지속적으로 발전하는 AI 기술의 혜택을 바로 적용할 수 있게 됨을 의미합니다

더불어 API 활용 경험은 현대 웹 개발의 핵심 개념을 이해하는 데도 큰 도움이 됩니다. 실제 산업 현장에서 대부분의 웹 서비스들은 다양한 API들을 조합하여 구축되기 때문입니다. 이는 마치 다양한 재료를 조합하여 새로운 요리를 만드는 것과 같은 창의적인 과정이 될 것입니다.

이번 장에서 우리는:

- API의 기본 개념과 작동 원리
- ChatGPT API의 특징과 활용 방법
- API 키 관리와 보안 고려사항
- 실시간 데이터 처리와 에러 핸들링
- 사용자 경험 최적화 방법

등을 단계적으로 학습하게 될 것입니다. 이를 통해 우리의 플래시카드 애플리케이션은 더욱 지능적이고 역동적인 학습 도구로 발전하게 될 것입니다.

이러한 여정은 단순한 기술 학습을 넘어, AI 시대의 새로운 개발 패러다임을 직접 경험하는 의미 있는 과정이 될 것입니다. 작은 연못에서 시작했던 우리의 프로젝트가 어떻게 광활한 가능성의 바다로 확장되는지, 함께 살펴보도록 하겠습니다.

학습 목표

1. API의 실전적 이해와 활용

웹 서비스에서 API가 차지하는 역할과 중요성을 이해하고, 이를 실제로 구현할 수 있어야 합니다. API는 현대 웹 개발의 핵심 요소이며, 이를 통해 다양한 서비스를 연동할 수 있습니다.

2. ChatGPT API를 통한 웹 애플리케이션 고도화

기존 애플리케이션의 한계를 넘어, AI의 강력한 기능을 통합하는 방법을 학습합니다. 이는 단순한 기능 추가를 넘어 애플리케이션의 가치를 근본적으로 향상시키는 과정입니다.

3. API 키 발급 및 관리

보안과 효율성을 고려한 API 키 관리 방법을 습득합니다. 이는 실제 서비스 운영에 있어 매우 중요한 요소입니다.

1 API의 기본 개념과 활용

1.1 API란 무엇인가?

API(Application Programming Interface)는 서로 다른 소프트웨어 시스템 간의 통신을 가능하게 하는 중개자 역할을 합니다. 이를 레스토랑에 비유하면 다음과 같습니다:

1. 손님(프론트엔드)은 메뉴판(API 문서)을 보고 주문합니다.
2. 웨이터(API)는 주문을 주방(백엔드)에 전달합니다.
3. 주방은 요리를 만들어 웨이터를 통해 손님에게 전달합니다.
4. 전달되는 음식은 정해진 방식(JSON 형식)으로 제공됩니다.

1.2 API 활용의 장점

1. 개발 효율성 향상
복잡한 기능을 처음부터 개발할 필요가 없습니다
- 검증된 서비스를 바로 활용할 수 있습니다
- 개발 시간과 비용을 크게 절감할 수 있습니다

2. 전문성 활용
- 각 분야의 전문 서비스를 활용할 수 있습니다
- 최신 기술을 쉽게 도입할 수 있습니다
- 높은 품질의 서비스를 제공할 수 있습니다

3. 확장성 확보
- 필요에 따라 서비스를 쉽게 확장할 수 있습니다
- 다양한 서비스를 유연하게 통합할 수 있습니다
- 사용량에 따른 탄력적인 운영이 가능합니다

2 ChatGPT API 실전 구현

2.1 / API 키 발급 과정

1. OpenAI 플랫폼 접속

1. platform.openai.com 접속
2. 계정 생성 또는 로그인
3. API 섹션으로 이동
4. API 키 생성 메뉴 선택
5. 사용 목적 설정
6. API 키 생성
7. 생성된 키를 안전한 곳에 보관

2. API 호출 구현

```javascript
// API 설정
const API_ENDPOINT = 'https://api.openai.com/v1/chat/ completions';
const API_KEY = 'your-api-key'; // 실제 API 키로 교체 필요

// API 호출 함수
async function fetchFlashcardData() {
    const requestBody = {
        model: 'gpt-3.5-turbo',
        messages: [
            {
                role: 'system',
                content: 'You are an advanced English language teaching assistant specialized
                in creating flashcards for vocabulary learning.'
            },
            {
                role: 'user',
                content: 'Please provide 5 English words that:
                - Are 7 letters or longer
                - Are commonly used in daily life
                - Include clear Korean translations Format: English
                word: Korean translation'
            }
        ],
        temperature: 0.7 // 응답의 창의성 조절
    };
```

```
try {
    const response = await fetch(API_ENDPOINT, {
        method: 'POST',
        headers: {
            'Authorization': 'Bearer ${API_KEY}',
            'Content-
            Type': 'application/json'
        },
        body: JSON.stringify(requestBody)
    });

    if (!response.ok) {
        throw new Error(`API 호출 실패: ${response.status}`);
    }

    return await response.json();
} catch (error) {
    console.error('API 호출 오류:', error);
    throw error;
}
}
```

3. 응답 데이터 처리

```
function processAPIResponse(response) {
    const content = response.choices[0].message.content;
    const lines = content.split('\n').filter(line => line.trim());

    return lines.map(line => {
        const [english, korean] = line.split(':').map(s => s.trim()); return {
            word: english,
            meaning: korean,
            shown: false,
            correct: false
        };
    });
}
```

3.1 / HTML 구조와 스타일링

플래시카드 애플리케이션의 기본 구조를 다음과 같이 개선했습니다:

```html
<!DOCTYPE html>
<html>
<head>
    <title>AI 기반 플래시카드 학습 시스템</title>
    <style>
        .flashcard {
            width: 300px;
            margin: 50px auto;
            padding: 20px;
            box-shadow: 0 4px 8px rgba(0,0,0,0.1);
            border- radius: 8px;
            text-align: center;
        }

        .card-content {
            font-size: 24px;
            margin: 20px 0;
            min-height: 100px;
            display: flex;
            align-items: center;
            justify- content: center;
        }

        .controls {
            margin-top: 20px;
        }

        .feedback {
            margin-top: 15px;
            min-height: 20px;
            color: #666;
}
    </style>
</head>
<body>
    <div class="flashcard">
        <div class="card-content" id="word"></div>
        <div class="controls">
```

```
                    <input type="text" id="answer" placeholder="정답을 입력하세요">
                    <button onclick="checkAnswer()">확인</button>
            </div>
            <div class="feedback" id="feedback"></div>
        </div>
        <script>
            // 메인 로직이 여기에 들어갑니다
        </script>
    </body>
</html>
```

3.2 메인 로직 구현

애플리케이션의 핵심 기능을 구현하는 JavaScript 코드입니다:

```
let flashcards = [];
let currentIndex = 0;
let isShowingAnswer = false;


// 초기 데이터 로드
async function initializeFlashcards() {
        try {
                const response = await fetchFlashcardData();
                flashcards =
                processAPIResponse(response); showCurrentCard();
        } catch (error) {
                showError('데이터 로드 중 오류가 발생했습니다.');
        }
}


// 현재 카드 표시
function showCurrentCard() {
        const wordElement = document.getElementById('word');
        const card = flashcards[currentIndex];

        if (!card) {
                wordElement.textContent = '학습이 완료되었습니다!';
        return;
        }

        wordElement.textContent = card.word;
        document.getElementById('answer').value = '';
        document.getElementById('feedback').textContent = '';
}
```

```javascript
// 답안 확인
function checkAnswer() {
    const answer = document.getElementById('answer').value.trim().toLowerCase();
    const card =
    flashcards[currentIndex];
    const feedback = document.getElementById('feedback');

    if (answer === card.meaning.toLowerCase())
        { feedback.textContent = '정답입니다!';
        feedback.style.color = 'green';
        setTimeout(() => {
            currentIndex++;
            showCurrentCard();
        }, 1000);
    } else {
        feedback.textContent = `오답입니다. 정답: ${card.meaning}`;
        feedback.style.color = 'red';
    }
}
```

3.3 오류 처리와 예외 상황 관리

웹 애플리케이션의 안정성을 높이기 위한 오류 처리 시스템을 구현합니다:

```javascript
// 전역 오류 처리
window.onerror = function(message, source, lineno, colno, error) {
    console.error('전역 오류 발생:', error);
    showError('예기치 않은 오류가 발생했습니다.');
    return true;
};

// API 오류 처리
function handleAPIError(error) {
    console.error ('API 오류:', error);
    let errorMessage = '서비스 연결에 실패했습니다.'; if
    (error.response) {
        switch (error.response.status) {
                case 401: errorMessage = 'API 인증에 실패했습니다.';
                break; case
        429:
                errorMessage = '너무 많은 요청이 발생했습니다. 잠시 후 다시 시도해주세요.';
                break; case
        500:
                errorMessage = '서버 오류가 발생했습니다.';
```

```
            break;
        }
    }

    showError(errorMessage);
}

// 사용자 피드백 표시
function showError(message) {
    const feedbackElement = document.getElementById('feedback');
    feedbackElement.textContent = message;
    feedbackElement.style.color = 'red';
}
```

3.4 / 성능 최적화 전략

애플리케이션의 성능을 향상시키기 위한 다양한 최적화 전략을 구현합니다:

```
// 데이터 캐싱
const cache = {
    data: new Map(),

    async get(key) {
        if (this.data.has(key)) {
            const cached = this.data.get(key);
            if (Date.now() - cached.timestamp < 300000) { // 5분 캐시
                return cached.value;
            }
            this.data.delete(key);
        }
        return null;
    },

    set(key, value) { this.data.set(key, {
            value,
            timestamp: Date.now()
        });
    }
};

// API 호출 최적화
async function getFlashcards() {
    const cacheKey = 'flashcards';
    const cached = await cache.get(cacheKey);
```

```
    if (cached) {
        return cached;
    }

    const response = await fetchFlashcardData();
    const processed =
    processAPIResponse(response);
    cache.set(cacheKey, processed);

    return processed;
}
```

4 애플리케이션 고도화 방안

4.1 학습 기능 확장

1. 난이도 조절 시스템

```
const difficultyLevels = {
        beginner: {
        wordLength: 5,
        commonWordsOnly: true,
        showHint: true
    },
    intermediate: {
        wordLength: 7,
        commonWordsOnly: true,
        showHint: false
    },
    advanced: {
        wordLength: 9,
        commonWordsOnly: false,
        showHint: false
    }
};

function setDifficulty(level) {
    const settings = difficultyLevels[level]; updatePrompt(settings);
}
```

2. 학습 진도 추적

```javascript
const learningProgress = { studied: new
    Set(),
    correct: new Set(),
    incorrect: new Map(), // 단어: 틀린 횟수
    trackAnswer(word, isCorrect)
        { this.studied.add(word); if
        (isCorrect) {
            this.correct.add(word);
            this.incorrect.delete(word);
        } else {
            const incorrectCount = (this.incorrect.get(word) || 0) + 1;
            this.incorrect.set(word, incorrectCount);
        }
    },

    generateReport() {
            return {
            totalStudied: this.studied.size,
            correctRate: (this.correct.size / this.studied.size) * 100,
            needReview:
            Array.from(this.incorrect.entries())
                .filter(([_, count]) => count >= 3)
                .map(([word]) => word)
        };
    }

}
```

4.2 사용자 경험 개선

1. 애니메이션 효과 추가

```javascript
function showCardWithAnimation() {
    const card = document.querySelector('.card-content');
    card.style.opacity = '0';
    card.style.transform = 'translateY(20px)';

    setTimeout(() =>
        { showCurrentCard();
        card.style.transition = 'all 0.3s ease-out'; card.style.opacity =
        '1'; card.style.transform = 'translateY(0)';
    }, 100);
}
```

2. 반응형 디자인 적용

```
@media (max-width: 600px) {
    .flashcard {
        width: 90%; margin:
        20px auto;
    }

    .card-content {
        font-size: 20px; min-
        height: 80px;
    }

    input[type="text"] { width:
        80%;
        margin-bottom: 10px;
    }
}
```

마치며

이번 장에서는 ChatGPT API를 활용하여 플래시카드 웹 애플리케이션을 고도화하는 과정을 상세히 살펴보았습니다. API를 통한 외부 서비스 연동이 어떻게 애플리케이션의 가치를 높일 수 있는지 실제 구현을 통해 경험했습니다.

특히 주목할 점은 코딩 지식이 제한적이더라도 API를 활용하면 강력한 기능을 구현할 수 있다는 것입니다. ChatGPT API는 마치 무한한 지식을 가진 동반자처럼, 우리 애플리케이션에 지능적인 기능을 더해주었습니다.

도메인 설정과 AWS 서버 구축

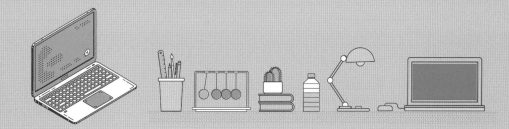

들어가며: 웹 서비스의 공유와 배포

지금까지 우리는 ChatGPT의 도움을 받아 웹 애플리케이션을 개발하는 방법을 학습했습니다. 그러나 개발된 파일들이 로컬 컴퓨터에만 존재하는 상태에서는 웹의 본질적 목적인 정보 공유를 달성할 수 없습니다. 웹의 진정한 가치는 전 세계 사용자들과의 연결에 있으며, 이를 실현하기 위해서는 우리의 애플리케이션을 누구나 접근 가능한 환경에 배포해야 합니다.

학습 목표
1. 도메인 구입 및 설정
   - 도메인의 개념 이해
   - 도메인 등록 서비스 선택 기준 파악
   - 실제 도메인 구매 및 설정 방법 습득
2. AWS 프리티어 활용
   - AWS 계정 생성 절차 이해
   - EC2 인스턴스 설정 방법 습득
   - 프리티어 한도 내 최적 활용 방안 학습
3. 서버 접속 및 관리
   - Termius를 활용한 서버 접속 방법
   - 이해 보안 설정 및 관리 방법 습득
   - 기본적인 서버 운영 지식 획득

1 도메인과 서버의 기본 개념

1.1 도메인 시스템의 이해

도메인은 인터넷상의 컴퓨터 주소를 사람이 이해하기 쉬운 형태로 변환한 것입니다. IP 주소는 다음과 같은 특징을 가집니다:

1. 구조
- 네 개의 숫자 그룹으로 구성
- 각 그룹은 0-255 사이의 값
- 점(.)으로 구분된 형식

2. 제한사항
- 숫자로만 구성되어 기억하기 어려움
- 직관적이지 않은 형식 변경 가능성 존재

이러한 제한사항을 해결하기 위해 도메인 시스템이 개발되었으며, 이는 다음과 같은 장점을 제공합니다:

1. 사용성
- 기억하기 쉬운 형식
- 브랜딩 가능
- 직관적인 주소 체계

2. 관리성
- 중앙화된 관리 시스템
- 소유권 보호
- 유연한 설정 변경

1.2 서버의 역할과 특징

서버는 인터넷을 통해 서비스와 정보를 제공하는 특수한 목적의 컴퓨터입니다. 다음과 같은 특징을 가집니다:

1. 운영 특성
- 24시간 지속 운영

- 안정적인 성능 제공
- 높은 신뢰성 요구

2. 접근성
- 고유 IP 주소 보유
- 원격 접속 지원
- 다중 사용자 처리 능력

3. 보안 요구사항
- 접근 제어 필요
- 보안 정책 설정
- 지속적인 모니터링

2 도메인 구입 과정 상세 가이드

2.1 Namecheap 선택 이유

Namecheap은 다음과 같은 장점으로 추천됩니다:

1. 비용 효율성
- 경쟁력 있는 가격
- 연간 약 2만원 수준의 비용
- 추가 비용 없는 기본 서비스

2. 부가 서비스
- 무료 도메인 프라이버시
- 자동 갱신 옵션
- DNS 관리 도구

3. 사용자 경험
- 직관적인 인터페이스

- 다국어 지원
- 24/7 고객 지원

2.2 / 도메인 구입 단계별 가이드

1. 초기 접속
- Namecheap.com 방문
- 계정 생성
- 이메일 인증 완료

2. 도메인 검색
- 원하는 도메인 이름 입력
- 가용성 확인
- 대체 도메인 제안 검토

3. 옵션 설정
- 등록 기간 선택
- 자동 갱신 설정
- 도메인 프라이버시 활성화

4. 결제 진행
- 결제 수단 등록
- 가격 검토
- 주문 확인

3 AWS 서버 구축 상세 가이드

3.1 AWS 계정 생성 절차

1. 초기 설정
- AWS 웹사이트 접속
- 프리티어 계정 선택
- 기본 정보 입력

2. 계정 정보 입력
- 이메일 주소 등록
- 비밀번호 설정
- 계정 이름 지정

3. 연락처 정보
- 전화번호 입력
- 주소 정보 등록
- 결제 정보 입력

4. 보안 인증
- 전화번호 인증
- 이메일 확인
- 카드 정보 확인

3.2 EC2 인스턴스 설정 상세 가이드

AWS EC2(Elastic Compute Cloud)는 가상 서버를 제공하는 서비스입니다. 다음은 인스턴스 설정의 상세한 단계입니다:

1. EC2 서비스 접근
- AWS Management Console 접속 리전을 '아시아 태평양(서울)' 선택
- EC2 대시보드로 이동

2. 인스턴스 시작

- "인스턴스 시작" 버튼 클릭
- 인스턴스 이름 설정 (예: "AI_Coding")
- Amazon Linux 2 AMI 선택 (프리티어 지원)
- t2.micro 인스턴스 유형 선택

3. 키 페어 설정

- 새로운 키 페어 생성
- 키 페어 이름 설정
- PEM 형식 선택
- 키 파일 안전한 위치에 저장 (매우 중요)

4. 스토리지 구성

- 30GB까지 프리티어 무료 제공
- 기본 설정으로 볼륨 유형 선택
- 필요한 용량 설정 (최대 30GB)

3.3 탄력적 IP 설정 프로세스

탄력적 IP는 고정 IP 주소를 제공하여 서버의 안정적인 접근을 가능하게 합니다:

1. 탄력적 IP 할당

- EC2 대시보드의 "탄력적 IP" 섹션 이동
- "탄력적 IP 주소 할당" 선택
- 기본 설정으로 새 주소 할당

2. 인스턴스 연결

- 할당된 IP 선택
- "작업" 메뉴에서 "탄력적 IP 주소 연결" 선택
- 해당 인스턴스 선택
- 연결 확인

3. 설정 확인

- 인스턴스 대시보드에서 IP 확인

- 연결 상태 확인
- 실제 접근 테스트

3.4 보안 그룹 설정 상세

보안 그룹은 서버의 방화벽 역할을 하며, 다음과 같이 설정합니다:

1. 기본 보안 설정
- EC2 대시보드에서 "보안 그룹" 선택
- 인스턴스 관련 보안 그룹 선택
- "인바운드 규칙 편집" 선택

2. 인바운드 규칙 구성
- SSH (22번 포트) - 서버 관리용
- HTTP (80번 포트) - 웹 서비스용
- HTTPS (443번 포트) - 보안 웹 서비스용
- 소스 IP: 0.0.0.0/0 (모든 접근 허용)

3. 규칙 검토 및 적용
- 설정된 규칙 확인
- 불필요한 포트 제거
- 변경사항 저장

4 도메인과 AWS 연결 과정

4.1 DNS 레코드 설정 상세

1. 기존 레코드 정리
- Namecheap 대시보드 접속
- Advanced DNS 설정으로 이동

- 기존 CNAME 레코드 삭제
- URL Redirect Record 삭제

2. A 레코드 추가
- "Add New Record" 선택
- Type: A Record 선택
- Host: www 입력
- Value: 탄력적 IP 주소 입력
- 저장

3. 루트 도메인 설정
- 추가 A Record 생성
- Host: @ 입력
- Value: 동일한 탄력적 IP 입력
- 저장

4.2 DNS 전파 및 확인

DNS 설정이 전파되는 데는 일정 시간이 소요될 수 있습니다:

1. 전파 대기
- 통상 수분에서 48시간 소요
- 지역별로 전파 시간 상이
- 점진적 업데이트 진행

2. 브라우저에서 도메인 접속 테스트
- ping 테스트 수행
- DNS 조회 도구 활용

5 서버 활용 방안

설정이 완료된 서버는 다양한 용도로 활용 가능합니다:

1. 웹 서비스 호스팅
- 개인 웹사이트 운영
- 포트폴리오 사이트 구축 블로그 운영

2. 개발 환경
- 테스트 서버 구축
- 개발 프로젝트 배포
- API 서버 운영

3. 파일 저장소
- 클라우드 스토리지 구축
- 백업 서버 활용
- 미디어 서버 운영

마치며
이번 장에서는 웹 서비스 배포를 위한 필수적인 인프라 구축 과정을 상세히 학습했습니다. 도메인 구입부터 AWS 서버 설정, 보안 구성까지의 전 과정을 통해 전문적인 웹 서비스 운영의 기초를 다졌습니다. 이제 우리의 서버는 전 세계 어디서든 접근 가능한 상태가 되었으며, 다양한 목적으로 활용할 준비가 되었습니다.

구축된 환경을 활용하여 이전 장에서 개발한 웹 애플리케이션을 배포하거나, 새로운 서비스를 시작할 수 있습니다. AWS 프리티어의 제공 기간인 1년을 효과적으로 활용하여 다양한 실험과 학습을 진행할 수 있을 것입니다.

서버 개발 환경 구축
- LAMP 스택의 이해와 구현

들어가며: 서버 구축의 의미와 현대 웹 개발에서의 역할

　지난 장에서 우리는 도메인 구입과 AWS 서버 설정이라는 중요한 첫걸음을 내디뎠습니다. A-Record를 통해 도메인과 서버 IP를 연결하는데 성공했지만, 이는 시작에 불과합니다. 진정한 웹 서비스를 제공하기 위해서는 서버에 필요한 소프트웨어들을 설치하고 적절히 구성해야 합니다.

1 웹 개발의 균형잡힌 접근법

1.1 프론트엔드 중심의 학습 전략

현대 웹 개발에서 프론트엔드를 먼저 학습하는 것이 효과적인 이유는 다음과 같습니다:

1. 시각적 피드백의 장점
- 즉각적인 결과 확인 가능
- 학습 동기 강화
- 진행 상황의 명확한 파악
- 디버깅의 용이성

2. 프로젝트 완성도 측면
- 독립적인 결과물 제작 가능
- 포트폴리오 구성의 용이성
- 실제 사용자 경험 제공 가능

3. 학습 커브
- 점진적 난이도 상승
- 기초부터 심화까지 자연스러운 진행
- 실무 적용 가능한 지식 축적

1.2 백엔드 지식의 통합

프론트엔드에 집중하더라도 다음과 같은 백엔드 지식은 필수적입니다:

1. 서버 인프라 이해
- 웹 서버의 작동 원리
- 데이터베이스의 역할
- 네트워크 기본 개념

2. 보안 측면
- 사용자 인증

- 데이터 보호
- 서버 보안 설정

3. 성능 최적화
- 서버 자원 관리
- 데이터베이스 쿼리 최적화 캐싱 전략

2 LAMP 스택의 상세 이해

2.1 Linux (운영체제)

Amazon Linux 2는 다음과 같은 특징을 가집니다:

1. 시스템 기반
- Red Hat Enterprise Linux 호환
- AWS 최적화 성능
- 클라우드 네이티브 기능

2. 관리 도구
- yum 패키지 관리자
- systemctl 서비스 관리
- AWS CLI 통합

2.2 Apache 웹 서버

```
# 주요 디렉토리 구조
/etc/httpd/
├── conf/                    # 설정 파일
├── conf.d/                  # 추가 설정 파일
└── modules/                 # 아파치 모듈

/var/www/
└──
```

2. 설치 및 구성

```
# 시스템 업데이트
sudo yum update -y

# Apache 설치
sudo yum install httpd -y

# 서비스 시작 및 자동 실행 설정
sudo systemctl start httpd
sudo systemctl enable httpd
```

3. 상태 확인

```
# 서비스 상태 확인
sudo systemctl status httpd

# 버전 확인
httpd -v

# 설정 문법 검사
sudo httpd -t
```

3 | MariaDB 데이터베이스

MariaDB는 MySQL의 대체제로, 다음과 같은 특징을 가집니다:

1. 설치 과정

```
# MariaDB 서버 설치
sudo yum install mariadb-server -y
# 서비스 시작 및 자동 실행 설정
sudo systemctl start mariadb
sudo systemctl enable mariadb
```

2. 보안 설정 (mysql_secure_installation)

```
# 보안 설정 실행
sudo mysql_secure_installation
```

```
# 설정 항목:
# - root 비밀번호 설정
# - 익명 사용자 제거
# - 원격 root 로그인 제한
# - 테스트 데이터베이스 제거
# - 권한 테이블 갱신
```

4 실전 서버 구성 가이드

4.1 Termius를 통한 서버 접속 상세 과정

Termius는 서버 관리를 위한 강력한 SSH 클라이언트입니다. 다음과 같은 단계로 서버에 접속할 수 있습니다:

1. 초기 설정

a. 새 호스트 생성
   - 'New Host' 선택
   - 탄력적 IP 주소 입력
   - 식별을 위한 라벨 설정 (예: AI_Coding)

b. 사용자 정보 설정
   - Username: ec2-user (AWS EC2의 기본 사용자)
   - 인증 방식: SSH 키 파일

c. 키 체인 설정
   - 'Keychain' 메뉴 선택
   - 새 키 항목 생성
   - PEM 파일 임포트

2. 접속 인증 과정

a. 호스트 선택
   - 설정된 호스트 더블클릭
   - 보안 경고 확인
   - 연결 승인

b. 연결 확인
  - 터미널 프롬프트 확인
  - Linux 버전 정보 확인
  - 연결 상태 확인

4.2 \ Apache 웹 서버 고급 설정

Apache 웹 서버의 설치는 ChatGPT의 도움을 받아 진행할 수 있습니다. 다음과 같은 과정을 따릅니다:

1. 설치 준비

```
# 시스템 패키지 업데이트
sudo yum update -y

# Apache 설치
sudo yum install httpd -y
```

2. 서비스 관리

```
# 서비스 시작
sudo systemctl start httpd

# 부팅 시 자동 시작 설정
sudo systemctl enable httpd

# 상태 확인
sudo systemctl status httpd
```

3. 웹 루트 디렉토리 설정

```
# 디렉토리 권한 설정
sudo chmod -R 755 /var/www/html/

# 소유자 변경
sudo chown -R ec2-user:ec2-user /var/www/html/
```

4.3 MariaDB 데이터베이스 상세 설정

MariaDB 설치와 설정은 다음 단계를 따릅니다:

1. 기본 설치

```
# MariaDB 서버 설치
sudo yum install mariadb-server -y

# 서비스 시작
sudo systemctl start mariadb

# 부팅 시 자동 시작 설정
sudo systemctl enable mariadb
```

2. 보안 설정 프로세스

```
# 보안 설정 스크립트 실행
sudo mysql_secure_installation

# 설정 항목:
    - 초기 root 비밀번호 없음 (Enter 입력)
    - 새 root 비밀번호 설정
    - 익명 사용자 제거
    - 원격 root 로그인 제한
    - 테스트 데이터베이스 제거
    - 권한 테이블 즉시 갱신
```

3. 데이터베이스 접속 테스트

```
# MariaDB 콘솔 접속
mysql -u root -p

# 기본 명령어
SHOW DATABASES;
SELECT VERSION();
EXIT;
```

5 시스템 통합 및 테스트

5.1 웹 서버 동작 확인

1. 브라우저 테스트

a. IP 주소 접속
  - 탄력적 IP 주소로 접속
  - Apache 테스트 페이지 확인

b. 도메인 접속
  - 등록된 도메인으로 접속
  - DNS 전파 확인
  - 페이지 로딩 속도 체크

2. 로그 확인

```
# 액세스 로그 확인
sudo tail -f /var/log/httpd/access_log

# 에러 로그 확인
sudo tail -f /var/log/httpd/error_log
```

5.2 시스템 보안 설정

1. 기본 보안 설정

```
# SELinux 상태 확인
getenforce

# 방화벽 상태 확인
sudo systemctl status firewalld

# 포트 개방 상태 확인
sudo netstat -tulpn
```

2. Apache 보안 설정

```
# /etc/httpd/conf/httpd.conf 설정
ServerTokens Prod ServerSignature Off
```

6 문제 해결 및 디버깅

6.1 일반적인 문제 해결 과정

1. 서비스 상태 확인

```
# Apache 상태 확인
sudo systemctl status httpd

# MariaDB 상태 확인
sudo systemctl status mariadb

# 로그 확인
sudo journalctl -u httpd
sudo journalctl -u mariadb
```

2. 네트워크 연결 확인

```
# 포트 리스닝 상태 확인
sudo netstat -tulpn | grep httpd sudo
netstat -tulpn | grep mysqld

# 방화벽 규칙 확인
sudo firewall-cmd --list-all
```

6.2 성능 모니터링

1. 시스템 리소스 모니터링

```
# 시스템 부하 확인
top
```

```
# 메모리 사용량 확인
free -m

# 디스크 사용량 확인
df -h
```

2. Apache 성능 모니터링

```
# 서버 상태 모듈 활성화
sudo a2enmod status

# 상태 페이지 접속
http://your-domain/server-status
```

마치며

이번 장에서는 웹 서버 구축을 위한 LAMP 스택의 설치와 설정을 완료했습니다. 이는 단순한 설치 과정이 아닌, 전문적인 서버 관리자의 핵심 업무 중 하나입니다. 비록 현재는 모든 설정의 의미를 완벽히 이해하지 못할 수 있으나, 실제 서비스를 운영하면서 각 설정의 중요성과 의미를 깨닫게 될 것입니다.

특히 주목할 점은 이러한 서버 구축 능력이 하나의 전문 분야로 인정받고 있다는 것입니다. 개발자의 역할이 세분화되는 현대 IT 환경에서, 서버 구축과 관리 능력은 독립적인 전문 영역으로 자리 잡았습니다.

HTML의 기초와 실전 학습 가이드

들어가며: 실전 경험에서 이론적 이해로

우리는 지금까지 매우 실용적이고 실전적인 웹 개발 여정을 거쳐왔습니다. 이러한 경험적 학습은 웹 개발의 전체적인 프로세스를 이해하는 데 큰 도움이 되었습니다. 본 장에서는 이러한 실전 경험을 바탕으로 HTML에 대한 체계적인 이론적 기초를 구축하고자 합니다.

지금까지의 여정 돌아보기

1. 개발 환경 구축 단계

우리는 먼저 Replit이라는 온라인 개발 플랫폼에서 시작하여 기본적인 웹 개발 환경을 경험했습니다. 이 과정에서 다음과 같은 작업들을 수행했습니다:

1. Replit 환경 구성

- 웹 기반 개발 환경 설정

- 기본 HTML 구조 학습

- 로그인 폼 구현 실습

- 실시간 결과 확인 및 테스트

2. 필수 개발 도구 설치

  a. Terminus (Shell 접속 도구)

  - 터미널 기반 환경 구축

  - 서버 접속 및 명령어 실행

  - 기본적인 리눅스 명령어 학습

  b. FileZilla (파일 전송 도구)

  - FTP/SFTP 프로토콜 이해

  - 파일 업로드/다운로드 관리

  - 파일 권한 설정 학습

  c. ADSQL (데이터베이스 관리 도구)

  - 데이터베이스 연결 설정

  - SQL 쿼리 실행

  - 환경 구축

  - 데이터 관리 기초 학습

  d. Visual Studio Code (통합 개발 환경)

  - 코드 에디터 환경 설정

  - 확장 프로그램 설치 및 구성

  - 개발 생산성 도구 활용

2. AI 도구 활용 단계

ChatGPT를 활용한 개발 과정에서 다음과 같은 경험을 쌓았습니다:

1. ChatGPT 활용 기초

- AI 기반 코드 작성 보조

- 프로그래밍 개념 학습
- 문제 해결 방법 탐색

2. 플래시카드 애플리케이션 개발

- 요구사항 분석 및 설계
- 기능 구현 및 테스트
- 코드 최적화 및 리팩토링

3. 실제 서비스 배포 단계

마지막으로, 개발한 애플리케이션을 실제 서비스로 배포하는 과정을 경험했습니다:

도메인 관리

- 도메인 이름 선정 및 구매
- DNS 설정 및 관리
- 도메인-서버 연결 구성

1. 서버 환경 구축

- 웹 서버 설정
- SSL 인증서 설치
- 보안 설정 구성

2. 배포 자동화

- 자동 배포 파이프라인 구축
- 버전 관리 시스템 연동
- 실시간 업데이트 체계 구현

1 웹 프론트엔드의 기술적 토대

1.1 웹 프론트엔드의 3대 핵심 기술

현대 웹 프론트엔드 개발은 세 가지 핵심 기술을 기반으로 이루어집니다. 각각의 기술은 고유한 역할과 특성을 가지고 있으며, 이들이 조화롭게 결합되어 완성된 웹 애플리케이션을 구성합니다.

1. HTML (HyperText Markup Language)
HTML은 웹의 구조를 정의하는 기초 기술입니다.

1. 정의와 역할

- 웹 문서의 기본 구조를 정의하는 마크업 언어
- 콘텐츠의 의미와 계층 구조를 표현
- 웹 접근성의 기초를 제공

2. 주요 특징

- 선언적 마크업 사용
- 계층적 구조 표현
- 브라우저 독립적 구조
- 웹 표준 준수

3. 기술적 중요성

- 모든 웹 콘텐츠의 기초
- 검색 엔진 최적화(SEO) 기반
- 크로스 플랫폼 호환성 제공

2. CSS (Cascading Style Sheets)
CSS는 웹 페이지의 시각적 표현을 담당하는 기술입니다.

1. 정의와 역할

- 웹 문서의 스타일을 정의
- 레이아웃과 디자인을 제어
- 반응형 웹 디자인 구현

2. 주요 특징

- 선택자 기반의 스타일 적용

- 캐스케이딩 규칙을 통한 스타일 상속
- 미디어 쿼리를 통한 반응형 디자인
- 애니메이션 및 전환 효과 지원

3. 기술적 중요성

- 사용자 경험 향상
- 브랜드 아이덴티티 표현 디바이스 호환성 보장

3. JavaScript

JavaScript는 웹의 동적 기능을 구현하는 프로그래밍 언어입니다.

1. 정의와 역할

- 클라이언트 사이드 프로그래밍 언어
- 동적 콘텐츠 생성 및 조작
- 사용자 상호작용 처리

2. 주요 특징

- 객체 지향 프로그래밍 지원
- 이벤트 기반 프로그래밍
- 비동기 처리 기능
- 풍부한 API 제공

3. 기술적 중요성

- 동적 사용자 인터페이스 구현
- 서버와의 실시간 통신
- 복잡한 웹 애플리케이션 개발 가능

이 세 가지 기술은 다음과 같이 유기적으로 상호작용하며 현대적인 웹 경험을 창출합니다:

1. 통합 예제: 대화형 카운터 애플리케이션

1. HTML 구조

```
<div id="counter" class="counter-container">
        <h1 class="counter-title">대화형 카운터</h1>
        <p class="counter-display">
             현재 값: <span id="value" class="counter-value">0</span>
     </p>
     <div class="counter-controls">
         <button id="decrement" class="counter-button">감소</button>
         <button id="increment" class="counter-button">증가</button>
         <button id="reset" class="counter-button counter-button-reset">초기화</button>
     </div>
</div>
```

2. CSS 스타일링

```
.counter-container {
    max- width: 400px;
    margin: 2rem auto;
    padding: 2rem; text-align: center;
    border-radius: 8px;
    box-shadow: 0 2px 4px rgba(0, 0, 0, 0.1);
}

.counter-title {
    color: #2c3e50;
    margin-bottom: 1.5rem;
}
.counter-display {
    font- size: 1.2rem;
    margin: 1.5rem 0;
}

.counter-value {
    font-size: 2rem;
    font-weight: bold;
    color: #3498db;
}
```

```css
.counter-controls
    { display: flex;
    gap: 1rem;
    justify-content: center;
}

.counter-button {
    padding: 0.75rem 1.5rem;
    border: none;
    border-radius: 4px;
    background- color: #3498db;
    color: white;
    cursor: pointer;
    transition: background-color 0.3s ease;
}

.counter-button:hover {
    background- color: #2980b9;
}

.counter-button-reset {
    background- color: #e74c3c;
}

.counter-button-reset:hover
    {
    background-color: #c0392b;
}
```

3. JavaScript 동적 기능

```javascript
class Counter {
    constructor(initialValue = 0) {
    this.value = initialValue;
    this.valueElement = document.getElementById('value');
    this.setupEventListeners();
    this.updateDisplay();
}

setupEventListeners() {
    document.getElementById('increment').addEventListener('click',
    () => this.increment());
 document.getElementById('decrement').addEventListener('click',
    () => this.decrement()); document.getElementById('reset').addEventListener('click',
    () => this.reset());
}
```

```
increment() {
    this.value++;
    this.updateDisplay();
}
decrement() {
    this.value--;
    this.updateDisplay();
}

reset() { this.value = 0;
    this.updateDisplay();
}

updateDisplay() {
    this.valueElement.textContent = this.value;
    this.updateValueColor();
}

updateValueColor() {
    const color = this.value > 0 ? '#27ae60' :
                    this.value < 0 ? '#c0392b' : '#3498db';
    this.valueElement.style.color = color;
}
}

// 카운터 인스턴스 생성
const counter = new Counter();
```

이 예제는 세 기술의 역할과 상호작용을 명확히 보여줍니다:

- HTML: 구조적 마크업 제공

- CSS: 시각적 디자인과 애니메이션 구현

- JavaScript: 사용자 상호작용과 동적 기능 처리

2 HTML의 핵심 개념과 구조

2.1 HTML의 기본 구성 요소

HTML은 세 가지 핵심 개념의 조합으로 이루어져 있습니다. 각 요소의 특성과 역할을 자세히 살펴보겠습니다.

1. Hypertext (하이퍼텍스트)

하이퍼텍스트는 문서 간의 연결을 가능하게 하는 핵심 개념입니다.

1. 정의와 특성

- 비선형적 문서 구조 지원
- 동적 콘텐츠 참조 가능
- 멀티미디어 요소 통합

2. 구현 방식

```html
<!-- 기본적인 링크 -->
<a href="https://example.com">외부 페이지로 이동</a>

<!-- 페이지 내부 링크 -->
<a href="#section-1">섹션 1로 이동</a>

<!-- 파일 다운로드 링크 -->
<a href="document.pdf" download>문서 다운로드</a>

<!-- 이메일 링크 -->
<a href="mailto:contact@example.com">이메일 보내기</a>

<!-- 전화번호 링크 -->
<a href="tel:+821012345678">전화 걸기</a>
```

3. 활용 사례

- 내비게이션 메뉴 구성
- 문서 간 상호 참조
- 멀티미디어 콘텐츠 연결

2. Markup (마크업)

마크업은 문서의 구조와 의미를 정의하는 방식입니다.

1. 기본 원리

- 태그를 통한 요소 구분
- 계층적 구조 표현
- 의미론적 마크업

2. 구조적 마크업 예시

```html
<article class="blog-post">
    <header class="post-header">
        <h1 class="post-title">마크업의 이해</h1>
        ```html
        <div class="post-meta">
            <span class="post-date">2024년 3월 15일</span>
            <span class="post-author">작성자: 김개발</span>
        </div>
    </header>

    <section class="post-content">
        <p>첫 번째 문단입니다. 마크업 언어의 기본 개념에 대해 설명합니다.</p>

        <h2>마크업의 주요 특징</h2>
        <ul>
            <li>구조적 표현</li>
            <li>의미론적 마크업</li>
            <li>접근성 고려</li>
        </ul>

        <figure class="post-image">
            <img src="markup-example.jpg" alt="마크업 구조 다이어그램">
            <figcaption>마크업 구조의 시각적 표현</figcaption>
        </figure>
    </section>

    <footer class="post-footer">
        <div class="post-tags">
            <span class="tag">HTML</span>
            <span class="tag">웹개발</span>
            <span class="tag">마크업</span>
        </div>
    </footer>
</article>
```

3. 시맨틱 마크업의 중요성

- 검색 엔진 최적화(SEO) 향상

- 웹 접근성 개선

- 코드 유지보수성 증가 의미 구조의 명확한 전달
```

3. Language (언어)

HTML은 국제 표준을 따르는 마크업 언어입니다.

1. 표준화된 규칙

- W3C 표준 준수
- HTML5 스펙 기반
- 크로스 브라우저 호환성

2. 문서 구조 예시

```html
<!DOCTYPE html>
<html lang="ko">
<head>
    <meta charset="UTF-8">
    <meta name="viewport" content="width=device-width, initial-scale=1.0">
    <meta name="description" content="웹 개발 학습을 위한 예제 페이지입니다.">
    <meta name="keywords" content="HTML, CSS, JavaScript, 웹개발">
    <meta name="author" content="김개발">

    <title>웹 개발 학습 - HTML 기초</title>

    <!-- 외부 리소스 연결 -->
    <link rel="stylesheet" href="styles.css">
    <link rel="icon" href="favicon.ico" type="image/x-icon">

    <!-- Open Graph 메타 태그 -->
    <meta property="og:title" content="웹 개발 학습 - HTML 기초">
    <meta property="og:description" content="웹 개발 학습을 위한 예제 페이지입니다.">
    <meta property="og:image" content="thumbnail.jpg">

    <!-- 구조화된 데이터 -->
    <script type="application/ld+json">
    {
        "@context": "https://schema.org", "@type": "Article",
        "headline": "웹 개발 학습 - HTML 기초",
        "author": {
            "@type": "Person",
            "name": "김개발"
        }
    }
    </script>
</head>
<body>
    <!-- 문서의 주요 내용 -->
</body>
</html>
```

1. 기본 레이아웃 구성

현대적인 웹 페이지는 다음과 같은 구조적 요소들로 구성됩니다:

1. 헤더 영역

```html
<header class="site-header">
    <div class="header-top">
   <div class="logo">
        <a href="/">
            <img src="logo.svg" alt="사이트 로고">
        </a>
   </div>

        <nav class="main-navigation">
        <ul class="nav-menu">
            <li><a href="/about">소개</a></li>
            <li><a href="/products">제품</a></li>
            <li><a href="/services">서비스</a></li>
            <li><a href="/contact">연락처</a></li>
        </ul>
   </nav>

        <div class="header-actions">
            <button class="search-toggle">검색</button>
            <button class="menu-toggle">메뉴</button>
        </div>
   </div>

        <div class="search-panel" hidden>
     <form class="search-form">
            <input type="search" placeholder="검색어를 입력하세요...">
            <button type="submit">검색</button>
     </form>
   </div>
</header>
```

2. 메인 콘텐츠 영역

```html
<main class="site-main">
    <aside class="sidebar">
        <nav class="sidebar-navigation">
            <h2>카테고리</h2>
            <ul>
                <li><a href="/category1">카테고리 1</a></li>
                <li><a href="/category2">카테고리 2</a></li>
```

```html
                <li><a href="/category3">카테고리 3</a></li>
            </ul>
        </nav>

        <div class="widget">
            <h3>최근 게시물</h3>
            <ul>
                <li><a href="/post1">게시물 1</a></li>
                <li><a href="/post2">게시물 2</a></li>
                <li><a href="/post3">게시물 3</a></li>
            </ul>
        </div>
    </aside>

    <div class="content-area">
        <article class="main-article">
            <h1>메인 콘텐츠 제목</h1>
            <p>메인 콘텐츠 내용...</p>
        </article>
        <section class="related-content">
            <h2>관련 콘텐츠</h2>
            <!-- 관련 콘텐츠 항목들 -->
        </section>
    </div>
</main>
```

3. 푸터 영역

```html
<footer class="site-footer">
    <div class="footer-content">
        <div class="footer-section">
            <h3>회사 정보</h3>
            <p>회사명: 예제 주식회사</p>
            <p>대표: 홍길동</p>
            <p>사업자등록번호: 123-45-67890</p>
        </div>

        <div class="footer-section">
            <h3>고객 지원</h3>
            <ul>
                <li><a href="/faq">자주 묻는 질문</a></li>
                <li><a href="/support">고객 지원</a></li>
                <li><a href="/privacy">개인정보처리방침</a></li>
            </ul>
        </div>
```

```
        <div class="footer-section">
            <h3>뉴스레터 구독</h3>
            <form class="newsletter-form">
                <input type="email" placeholder="이메일 주소">
                <button type="submit">구독하기</button>
            </form>
        </div>
    </div>

    <div class="footer-bottom">
        <p>&copy; 2025 예제 주식회사. All rights reserved.</p>
    </div>
</footer>
```

2. 웹 접근성을 고려한 마크업

웹 접근성은 모든 사용자가 웹 콘텐츠를 이용할 수 있도록 보장하는 중요한 요소입니다.

1. ARIA 레이블 활용

```
<button aria-label="메뉴 열기" aria-expanded="false" class="menu-button">
    <span class="icon-bar"></span>
    <span class="icon-bar"></span>
    <span class="icon-bar"></span>
</button>

<div role="dialog" aria-labelledby="modalTitle" class="modal">
    <h2 id="modalTitle">알림</h2>
    <p>모달 내용...</p>
</div>
```

2. 키보드 접근성

```
<!-- 키보드 포커스가 가능한 요소 -->
<div tabindex="0" class="card">
    <h3>카드 제목</h3>
    <p>카드 내용...</p>
</div>

<!-- 건너뛰기 링크 -->
<a href="#main-content" class="skip-link">
    메인 콘텐츠로 건너뛰기
</a>

<!-- 포커스 순서 지정 -->
```

```html
<form class="signup-form">
    <label for="username">사용자 이름:</label>
    <input type="text" id="username" tabindex="1">

    <label for="email">이메일:</label>
    <input type="email" id="email" tabindex="2">

    <label for="password">비밀번호:</label>
    <input type="password" id="password" tabindex="3">

    <button type="submit" tabindex="4">가입하기</button>
</form>
```

3. 시맨틱 마크업 활용

```html
<!-- 잘못된 예시 -->
<div class="header">
    <div class="title">제목</div>
    <div class="nav">
        <div class="nav-item">메뉴 1</div>
        <div class="nav-item">메뉴 2</div>
    </div>
</div>

<!-- 올바른 예시 -->
<header>
    <h1>제목</h1>
    <nav>
        <ul>
            <li><a href="#menu1">메뉴 1</a></li>
            <li><a href="#menu2">메뉴 2</a></li>
        </ul>
    </nav>
</header>
```

1. 기본적인 폼 구성요소

1. 텍스트 입력

```
<form class="contact-form">
    <!-- 한 줄 텍스트 입력 -->
    <div class="form-group">
        <label for="name">이름:</label>
        <input
            type="text"
            id="name"
            name="name"
            required minlength="2"
            maxlength="20"
            placeholder="이름을 입력하세요"
            pattern="[가-힣]{2,20}"
        >
    </div>

    <!-- 이메일 입력 -->
    <div class="form-group">
        <label for="email">이메일:</label>
        <input
            type="email"
            id="email"
            name="email"
            required
            placeholder="example@domain.com"
        >
    </div>

    <!-- 비밀번호 입력 -->
    <div class="form-group">
        <label for="password">비밀번호:</label>
        <input
            type="password"
            id="password"
            name="password"
            required minlength="8"
            placeholder="8자 이상 입력하세요"
        >
        <small class="form-text">
            특수문자, 숫자, 영문자를 포함하여 8자 이상
        </small>
    </div>
```

```html
    <!-- 여러 줄 텍스트 입력 -->
    <div class="form-group">
        <label for="message">메시지:</label>
        <textarea
            id="message"
            name="message"
            rows="5"
            placeholder="메시지를 입력하세요"
        ></textarea>
    </div>
</form>
```

2. 선택요소

```html
<!-- 라디오 버튼 -->
<fieldset>
    <legend>성별</legend>
    <div class="radio-group">
        <input
            type="radio"
            id="male"
            name="gender"
            value="male"
        >
        <label for="male">남성</label>

        <input
            type="radio"
            id="female"
            name="gender"
            value="female"
        >
        <label for="female">여성</label>

        <input
            type="radio"
            id="other"
            name="gender"
            value="other"
        >
        <label for="other">기타</label>
    </div>
</fieldset>

<!-- 체크박스 -->
<fieldset>
```

```
        <legend>관심 분야</legend>
        <div class="checkbox-group">
            <input
                type="checkbox"
                id="web"
                name="interests"
                value="web"
            >
            <label for="web">웹 개발</label>

            <input
                type="checkbox"
                id="mobile"
                name="interests"
                value="mobile"
            >
            <label for="mobile">모바일 개발</label>

            <input
                type="checkbox"
                id="data"
                name="interests"
                value="data"
            >
            <label for="data">데이터 분석</label>
        </div>
</fieldset>

<!-- 선택 상자 -->
<div class="form-group">
    <label for="country">국가:</label>
    <select id="country" name="country">
        <option value="">국가를 선택하세요</option>
        <optgroup label="아시아">
            <option value="KR">대한민국</option>
            <option value="JP">일본</option>
            <option value="CN">중국</option>
        </optgroup>
        <optgroup label="유럽">
            <option value="GB">영국</option>
            <option value="FR">프랑스</option>
            <option value="DE">독일</option>
        </optgroup>
    </select>
</div>
```

3. 특수 입력 필드

```html
<!-- 날짜 선택 -->
<div class="form-group">
    <label for="birthdate">생년월일:</label>
    <input
        type="date"
        id="birthdate"
        name="birthdate"
        min="1900-01-01"
        max="2024-12-31"
    >
</div>

<!-- 파일 업로드 -->
<div class="form-group">
    <label for="profile">프로필 사진:</label>
    <input
        type="file"
        id="profile"
        name="profile"
        accept="image/*"
        multiple
    >
    <small class="form-text">
        최대 5MB, JPG, PNG 파일만 허용
</small>
</div>

<!-- 숫자 입력 -->
<div class="form-group">
    <label for="age">나이:</label>
    <input
        type="number"
        id="age"
        name="age"
        min="0"
        max="150"
        step="1"
    >
</div>

<!-- 범위 선택 -->
<div class="form-group">
    <label for="satisfaction">만족도:</label>
    <input
        type="range"
```

```
            id="satisfaction"
            name="satisfaction"
            min="0"
            max="100"
            step="10"
            value="50"
        >
        <output for="satisfaction">50%</output>
</div>
```

2. 폼 검증과 데이터 전송

1. 클라이언트 측 검증

```
<form
        class="registration-form" novalidate
        onsubmit="return validateForm(event)"
>
        <!-- 사용자 이름 -->
        <div class="form-group">
            <label for="username">사용자 이름:</label>
            <input
                type="text"
                id="username"
                name="username"
                required
                pattern="[A-Za-z0-9_]{4,20}"
                data-error="사용자 이름은 4-20자의 영문, 숫자, 언더스코어만 허용됩니다"
            >
            <div class="error-message"></div>
</div>

        <!-- 이메일 -->
        <div class="form-group">
            <label for="email">이메일:</label>
            <input
                type="email" id="email" name="email" required
                data-error="올바른 이메일 형식이 아닙니다"
            >
            <div class="error-message"></div>
        </div>

        <!-- 제출 버튼 -->
        <button type="submit">가입하기</button>
</form>
```

```
<script>
function validateForm(event)
    { event.preventDefault();

    const form = event.target;
    const inputs = form.querySelectorAll('input[required]'); let isValid = true;

    inputs.forEach(input => {
        const errorDiv = input.nextElementSibling;
        if (!input.checkValidity()) { isValid = false;
            errorDiv.textContent = input.dataset.error; input.classList.add('invalid');
        } else {
            errorDiv.textContent = ';
            input.classList.remove('invalid');
        }
    });

    if (isValid) {
        // 폼 제출 로직
        form.submit();
    }
}
</script>
```

2. 서버 전송 설정

```
<form
    action="/api/register" method="POST"
    enctype="multipart/form-data"
>
    <!-- 폼 필드들 -->

    <!-- CSRF 토큰 -->
    <input
        type="hidden"
        name="_token"
        value="..."
    >

    <!-- 리다이렉트 URL -->
    <input
        type="hidden"
        name="redirect_url"
        value="/thank-you"
    >
</form>
```

1. 이미지 처리

```html
<!-- 기본 이미지 -->
<img
    src="example.jpg"
    alt="설명적인 대체
    텍스트" width="800"
    height="600"
    loading="lazy"
>

<!-- 반응형 이미지 -->
<picture>
    <source
        media="(min-width: 1200px)"
        srcset="large.jpg"
    >
    <source
        media="(min-width: 768px)"
        srcset="medium.jpg"
    >
    <img
        src="small.jpg"
        alt="반응형 이미지"
    >
</picture>

<!-- 이미지 맵 -->
<img
    src="map.jpg"
    alt="이미지 맵"
    usemap="#workmap"
>
<map name="workmap">
    <area
        shape="rect" coords="34,44,270,350"
        alt="Computer"
        href="computer.htm"
    >
    <area
        shape="circle"
        coords="337,300,44"
        alt="Coffee"
        href="coffee.htm"
    >
</map>
```

2. 비디오와 오디오

```html
<!-- 비디오 플레이어 -->
<video
    width="800"
    height="450"
    controls
    autoplay muted
    loop poster="thumbnail.jpg"
>
    <source src="video.mp4" type="video/mp4">
    <source src="video.webm" type="video/webm">
    <track
        src="subtitles_ko.vtt"
        kind="subtitles" srclang="ko"
        label="한국어"
    >
    <track
        src="subtitles_en.vtt"
        kind="subtitles"
        srclang="en" label="English"
    >
    귀하의 브라우저는 비디오 태그를 지원하지 않습니다.
</video>

<!-- 오디오 플레이어 -->
<audio controls>
    <source src="audio.mp3" type="audio/mpeg">
    <source src="audio.ogg" type="audio/ogg">
    귀하의 브라우저는 오디오 태그를 지원하지 않습니다.
</audio>
```

2.5 \ HTML5 고급 기능

1. 캔버스와 SVG

```html
<!-- 캔버스 -->
<canvas
    id="myCanvas"
    width="500"
    height="300"
>
    귀하의 브라우저는 캔버스를 지원하지 않습니다.
</canvas>
```

```
<!-- SVG -->
<svg
    width="500" height="300"
    viewBox="0 0 500 300"
>
    <rect
        x="50"
        y="50"
        width="200"
        height="100"
        fill="blue"
        stroke="black"
        stroke-width="2"
    />
    <circle
        cx="350"
        cy="100"
        r="50"
        fill="red"
    />
    <text
        x="100"
        y="200"
        font-family="Arial"
        font-size="24"
    >
        SVG 텍스트
    </text>
</svg>
```

2. 웹 컴포넌트

```
<!-- 사용자 정의 요소 정의 -->
<template id="user-card">
    <style>
        .user-card {
            border: 1px solid #ccc; padding: 1rem;
            margin: 1rem;
        }
        .user-name {
            font-weight: bold;
        }
    </style>

    <div class="user-card">
        <img class="user-avatar">
```

```
            <div class="user-info">
                <p class="user-name"></p>
                <p class="user-email"></p>
            </div>
            <slot name="actions"></slot>
        </div>
</template>

<!-- 사용자 정의 요소 사용 -->
<user-card
    name="홍길동"
    email="hong@example.com"
    avatar="avatar.jpg"
>
    <div slot="actions">
        <button>프로필 보기</button>
        <button>메시지 보내기</button>
    </div>
</user-card>
```

2.6 HTML 학습 리소스 활용

1. Mozilla Developer Network (MDN)

MDN은 웹 기술에 대한 가장 신뢰할 수 있는 문서를 제공하는 플랫폼입니다.

1. MDN의 주요 특징

- 공식 웹 표준 문서 제공

- 실제 예제와 함께 상세한 설명 제공

- 커뮤니티 기반의 지속적인 업데이트

- 다양한 언어로 번역된 문서 제공

2. MDN 활용 방법

a. 초보자를 위한 학습 경로

- HTML 기초 가이드 학습

- 대화형 예제를 통한 실습

- 단계별 튜토리얼 진행

b. 레퍼런스 문서 활용

- 태그별 상세 설명 참조

- 속성과 사용법 확인

- 브라우저 호환성 정보 확인

c. 실전 예제 학습

- 코드 예제 분석

- 실제 구현 사례 연구

- 모범 사례 학습

2. W3Schools

W3Schools는 실습 중심의 웹 기술 학습 플랫폼입니다.

1. W3Schools의 특징

- 대화형 학습 환경 제공

- 단계별 실습 가이드

- 즉각적인 결과 확인

- 온라인 에디터 제공

2. 학습 방법

a. 기본 개념 학습

```html
<!-- Try it Yourself 에디터 활용 예시 -->
<!DOCTYPE html>
<html>
<head>
    <title>W3Schools 실습</title>
</head>
<body>
    <h1>HTML 학습하기</h1>
    <p>이것은 실습 예제입니다.</p>
</body>
</html>
```

b. 실습 예제 활용

- 코드 수정 및 실험

- 다양한 속성 테스트

- 결과 즉시 확인

c. 연습문제 풀이

- 퀴즈를 통한 이해도 점검

- 실전 문제 해결

- 인증서 취득 준비

3. GPT를 활용한 HTML 학습

ChatGPT를 활용하여 효과적으로 HTML을 학습하는 방법을 알아보겠습니다.

1. 기본적인 질문 전략

```text
Q: HTML5의 새로운 시맨틱 태그들의 용도를 설명해주세요.

Q: <article>과 <section> 태그의 차이점은 무엇인가요?

Q: 웹 접근성을 고려한 HTML 작성 방법을 알려주세요.
```

2. 코드 리뷰 요청

```
Q: 다음 코드의 개선점을 찾아주세요:
<div class="header">
      <div class="title">제목</div>
      <div class="nav">메뉴</div>
</div>

A: 시맨틱 태그를 사용하여 다음과 같이 개선할 수 있습니다:
<header>
      <h1>제목</h1>
      <nav>메뉴</nav>
</header>
```

3. 실전 예제 분석

```
Q: 반응형 이미지 갤러리를 만들고 싶습니다. 어떻게 시작해야 할까요?
Q: 접근성을 고려한 폼 검증은 어떻게 구현하나요?
Q: SEO를 위한 HTML 최적화 방법을 알려주세요.
```

2.7 HTML 작성 모범 사례

1. 코드 구조화

1. 들여쓰기와 포맷팅

```
<!-- 잘못된 예시 -->
<div><h1>제목</h1><p>내용</p></div>

<!-- 올바른 예시 -->
<div>
      <h1>제목</h1>
      <p>내용</p>
</div>
```

2. 주석 활용

```html
<!-- 헤더 영역 시작 -->
<header>
    <!-- 메인 네비게이션 -->
    <nav>
        <!-- 메뉴 항목들 -->
    </nav>
</header>
<!-- 헤더 영역 끝 -->

<!-- 템플릿 영역 시작 -->
<template id="user-card">
    <!-- 사용자 카드 컴포넌트 -->
</template>
<!-- 템플릿 영역 끝 -->
```

3. 파일 구조

```
project/
├── index.html
├── pages/
│   ├── about.html
│   ├── products.html
│   └── contact.html
├── assets/
│   ├── images/
│   ├── videos/
│   └── fonts/
├── templates/
└── components/
```

2. 성능 최적화

1. 이미지 최적화

```html
<!-- 지연 로딩 -->
<img
    src="large-image.jpg"
    loading="lazy" alt="설명"
>
<!-- 반응형 이미지 -->
<picture>
<source
    media="(min-width: 1200px)"
```

```
            srcset="large.jpg"
        〉
        〈source
            media="(min-width: 768px)"
            srcset="medium.jpg"
        〉
        〈img
            src="small.jpg"
            alt="반응형 이미지"
    〉
〈/picture〉
```

2. 스크립트 최적화

```
〈!-- 스크립트 지연 로딩 --〉
〈script
    src="app.js"
    defer
〉〈/script〉

〈!-- 비동기 로딩 --〉
〈script
    src="analytics.js" async
〉〈/script〉
```

3. 리소스 사전 로딩

```
〈link
    rel="preload"
    href="critical.css"
    as="style"
〉
〈link
    rel="preconnect"
    href="https://api.example.com"
〉
〈link
    rel="dns-prefetch"
    href="https://cdn.example.com"
〉
```

1. 메타 태그 최적화

```html
<!-- 기본 메타 태그 -->
<meta charset="UTF-8">
<meta name="viewport" content="width=device-width, initial-scale=1.0">
<meta name="description" content="페이지 설명">
<meta name="keywords" content="키워드1, 키워드2">
<meta name="author" content="작성자">

<!-- Open Graph 태그 -->
<meta property="og:title" content="페이지 제목">
<meta property="og:description" content="페이지 설명">
<meta property="og:image" content="thumbnail.jpg">
<meta property="og:url" content="https://example.com">

<!-- Twitter 카드 -->
<meta name="twitter:card" content="summary_large_image">
<meta name="twitter:title" content="페이지 제목">
<meta name="twitter:description" content="페이지 설명">
<meta name="twitter:image" content="thumbnail.jpg">
```

2. 구조화된 데이터

```html
<script type="application/ld+json">
{
    "@context": "https://schema.org", "@type": "Article",
    "headline": "기사 제목",
    "author": {
        "@type": "Person",
        "name": "저자 이름"
    },
    "datePublished": "2024-03-15",
    "description": "기사 설명"
}
</script>
```

1. Web Components

Web Components는 재사용 가능한 커스텀 엘리먼트를 만들 수 있게 해주는 웹 플랫폼 API들의 모음입니다.

1. Custom Elements

```
class UserCard extends HTMLElement
    {
        constructor() {
        super();
        this.attachShadow({mode: 'open'});
    }


    connectedCallback() {
        this.shadowRoot.innerHTML = `
            <style>
                :host {
                    display: block;
                        border: 1px solid #ccc; padding:
                        1rem;
                }
            </style>
            <div>
                <h2>${this.getAttribute('name')}</h2>
                <slot></slot>
            </div>
        `;
    }
}

customElements.define('user-card', UserCard);
```

2. Shadow DOM

```
<user-card name="홍길동">
    <p>사용자 정보가 여기에 들어갑니다.</p>
</user-card>
```

결론

HTML은 웹의 기초를 이루는 핵심 기술입니다. 이번 장에서 살펴본 내용들을 바탕으로, 다음 장에서는 CSS를 통해 이러한 구조에 스타일을 입히는 방법을 학습하게 될 것입니다. HTML의 견고한 이해는 웹 개발의 모든 측면에서 중요한 토대가 되므로, 여기서 배운 개념들을 실제 프로젝트에 적용하며 지속적으로 학습하고 발전시켜 나가시기 바랍니다.

CSS의 기초와 실전 활용

- 현대 웹 디자인의 핵심

들어가며: 본격적인 웹 스타일링의 시작

이전까지 우리는 HTML을 통해 웹 페이지의 기본 구조를 만드는 방법을 배웠습니다. 이제 우리는 이 구조를 아름답고 동적으로 만들어주는 CSS(Cascading Style Sheets)에 대해 깊이 있게 알아볼 차례입니다.

CSS는 단순히 웹 페이지를 '꾸미는' 도구 이상의 의미를 가집니다. 많은 개발자들이 CSS를 기본적인 수준에서만 다루고 있지만, 실제로 CSS는 놀라운 잠재력을 가진 강력한 도구입니다. 특히 주목할 만한 점은, JavaScript로 구현하는 많은 동적 기능들을 CSS만으로도 구현할 수 있다는 것입니다. 이는 웹 성능 최적화와 코드 효율성 측면에서 큰 장점을 제공합니다.

CSS의 기본 구조는 매우 직관적입니다. HTML에서 특정 요소를 클래스로 지정하고, CSS에서 해당 클래스의 스타일 속성을 정의하는 방식입니다. 예를 들어, 특정 텍스트의 색상을 변경하고 싶다면, 해당 HTML 요소에 클래스를 부여하고 CSS에서 그 클래스에 대한 색상 속성을 지정하면 됩니다.

더욱 중요한 것은 CSS가 JavaScript와 긴밀하게 연동된다는 점입니다. CSS를 깊이 있게 이해하고 활용할수 JavaScript 코드를 줄일 수 있으며, 더 효율적인 웹 개발이 가능해집니다. 이는 단순히 코드량을 줄이는 것을 넘어서, 웹 페이지의 성능과 사용자 경험을 향상시키는 핵심 요소가 됩니다.

이제부터 우리는 CSS의 기초부터 시작하여, 점진적으로 더 복잡하고 강력한 기능들을 살펴볼 것입니다. 처음에는 생소하고 어려울 수 있지만, 차근차근 학습하다 보면 CSS가 얼마나 강력하고 유용한 도구인지 깨닫게 될 것입니다. 이러한 학습 과정을 통해, 여러분은 단순한 스타일링을 넘어서 진정한 웹 디자인의 예술가로 성장하게 될 것입니다.

1 웹 스타일링의 기술적 진화

1.1 CSS의 역사와 발전

CSS(Cascading Style Sheets)는 1996년 W3C 권고안으로 처음 발표된 이후, 웹 디자인의 표준 기술로 자리잡았습니다. 초기에는 단순한 텍스트 스타일링과 색상 변경 정도에 그쳤으나, 현재는 복잡한 레이아웃 구성과 애니메이션까지 구현할 수 있는 강력한 도구로 발전했습니다.

1.2 현대 웹에서의 CSS 위치

현대 웹 개발에서 CSS는 단순한 스타일링 도구를 넘어 다음과 같은 핵심적인 역할을 수행합니다:

1. 시각적 표현
- 레이아웃 구성
- 색상 및 타이포그래피 관리
- 반응형 디자인 구현
- 애니메이션과 전환 효과

2. 성능 최적화
- JavaScript 의존도 감소
- 브라우저 렌더링 최적화
- 하드웨어 가속 활용

3. 사용자 경험
- 인터랙티브 요소 구현
- 접근성 향상
- 크로스 브라우저 호환성

1.3 CSS 전문가의 역할

CSS는 기본적인 사용은 쉽지만, 전문적인 활용에는 깊은 이해와 경험이 필요합니다. CSS 전문가가 되기 위해 필요한 역량은 다음과 같습니다:

1. 기술적 전문성

- CSS 명세에 대한 깊은 이해
- 브라우저 렌더링 엔진의 작동 원리 파악
- 최신 CSS 기능과 트렌드 습득

2. 디자인 감각

- 시각적 계층 구조 이해
- 색상 이론과 타이포그래피 지식
- 사용자 경험 디자인 원칙

3. 성능 최적화 능력

- CSS 선택자 최적화
- 렌더링 성능 향상
- 리소스 최적화

2 CSS의 기본 개념과 구조

2.1 CSS 문법의 기본 구조

CSS는 선택자(Selector)와 선언 블록(Declaration Block)으로 구성됩니다:

```
선택자 {
    속성: 값;        /* 선언 */
    속성2: 값2; /* 또 다른 선언 */
}
```

예시:

```
.button {
    background-color: #007bff;
    color: white;
    padding: 10px 20px;
    border-radius: 4px;
    transition: all 0.3s ease;
}
```

1. 기본 선택자

1. 전체 선택자

```css
* {
    margin: 0;
    padding: 0;
    box-sizing: border-box;
}
```

2. 태그 선택자

```css
p {
    line-height: 1.6;
    margin bottom: 1em;
}


    h1 {
    font-size: 2.5em; color: #333;
}
```

3. 클래스 선택자

```css
.highlight {
    background-color: #fff3d4;
    padding: 2px
    border-radius: 3px;
}
.text-center {
    text-align: center;
}
```

4. ID 선택자

```css
#header {
    position: fixed;
    top: 0;
    left: 0;
    width: 100%;
    z-index: 1000;
}
```

2. 복합 선택자

1. 자손 선택자

```css
article p {
    font-size: 16px;
    color: #666;
}
```

2. 자식 선택자

```css
nav > ul {
    display: flex;
    list-style: none;
    gap: 20px;
}
```

3. 인접 형제 선택자

```css
h2 + p {
    font-size: 1.2em;
    font-
    weight: bold;
    color: #444;
}
```

3. 가상 클래스와 가상 요소

1. 가상 클래스

```css
/* 마우스 호버 상태 */
.button:hover {
    background-color: #0056b3;
    transform: translateY(-2px);
}

/* 활성화 상태 */
.button:active {
    transform: translateY(1px);
}

/* 포커스 상태 */
input:focus {
    outline: 2px solid #007bff;
```

```
        outline-offset: 2px;
}

/* 첫 번째 요소 */
li:first-child {
        border-top: none;
}

/* 마지막 요소 */
li:last-child {
        border-bottom: none;
}
```

2.3 / CSS 속성과 값

1. 크기 단위

1. 절대 단위

```
.box {
        /* 픽셀 */
        width: 300px;

/* 포인트 */
        font-size: 12pt;

/* 인치 */ margin:
        0.5in;

/* 센티미터 */
        padding: 1cm;
}
```

2. 상대 단위

```
.container {
        /* em - 부모 요소의 폰트 크기 기준 */
        font-size: 1.2em;

        /* rem - 루트 요소의 폰트 크기 기준 */
        margin: 2rem;

        /* vw - 뷰포트 너비의 백분율 */
        width: 90vw;

        /* vh - 뷰포트 높이의 백분율 */
```

```
    height: 100vh;

    /* % – 부모 요소 기준 백분율 */
    max-width: 80%;
}
```

2. 색상 표현

```
.color-examples {
    /* 키워드 색상 */
    color: red;

    /* HEX 코드 */
    background-color: #ff5733;

    /* RGB */
    border-color: rgb(255, 87, 51);

    /* RGBA (알파 채널 포함) */
    box-shadow: 0 0 10px rgba(0, 0, 0, 0.5);

    /* HSL (색상, 채도, 명도) */ color: hsl(14, 100%, 60%);

    /* HSLA (알파 채널 포함) */
    background-color: hsla(14, 100%, 60%, 0.8);

    /* 현대적 색상 표현 */
    color: color-mix(in srgb, #ff0000 50%, #00ff00);
    background: linear gradient(to right, #ff0000, #00ff00);
}
```

3 CSS의 적용 방식과 우선순위

3.1 CSS 적용 방식

CSS를 HTML 문서에 적용하는 방법은 크게 세 가지가 있으며, 각각의 방식은 고유한 장단점을 가지고 있습니다.

1. 외부 스타일시트

외부 스타일시트는 별도의 CSS 파일을 생성하여 HTML 문서에 연결하는 방식입니다.

1. HTML 파일에서의 연결

```
<!DOCTYPE html>
<html lang="ko">
<head>
    <meta charset="UTF-8">
    <meta name="viewport" content="width=device-width, initial-scale=1.0">
    <title>외부 스타일시트 예제</title>
    <!-- 기본 스타일시트 -->
    <link rel="stylesheet" href="styles.css">
    <!-- 조건부 스타일시트 -->
    <link rel="stylesheet" href="print.css" media="print">
    <!-- 대체 스타일시트 -->
    <link rel="alternate stylesheet" href="dark-theme.css" title="다크 모드">
</head>
<body>
    <!-- 페이지 내용 -->
</body>
</html>
```

2. CSS 파일 구조화 예시 (styles.css)

```
/* 리셋 및 기본 스타일 */
* {
    margin: 0;
    padding: 0;
    box-sizing: border-box;
}

/* 타이포그래피 */ body {
    font-family: 'Noto Sans KR', sans-serif;
    line-height: 1.6;
    color: #333;
}

/* 레이아웃 */
.container {
    max-width: 1200px;
    margin: 0 auto;
    padding: 0 20px;
}
```

```css
/* 컴포넌트 */
.button {
    display: inline-block;
    padding:
    10px 20px;
    border-radius: 4px;
    background-color: #007bff;
    color: white;
    text-decoration: none;
    transition: all
    0.3s ease;
}

.button:hover {
background-color: #0056b3;
transform: translateY(-2px);
}

/* 유틸리티 클래스 */
.text-center { text-align: center; }
.mt-4 { margin-top: 1rem; }
.mb-4 { margin-bottom: 1rem; }
```

2. 내부 스타일시트

내부 스타일시트는 HTML 문서의 섹섹션 내에 직접 스타일을 정의하는 방식입니다.

```html
<!DOCTYPE html>
<html lang="ko">
<head>
    <meta charset="UTF-8">
    <title>내부 스타일시트 예제</title>
    <style>
        /* 페이지 특정 스타일 */
        .hero-section {
            background: linear-gradient(45deg, #6b48ff, #ff4848);
            color: white;
            padding: 60px 0;
            text-align: center;
        }

        .hero-title {
            font-size: clamp(2rem, 5vw, 4rem);
            margin-bottom: 20px;
            font-weight: 700;
            text-shadow: 2px 2px 4px rgba(0, 0, 0, 0.3);
```

```
        }

        .hero-description {
            font-size: clamp(1rem, 2vw, 1.5rem);
            max-width: 600px;
            margin: 0 auto;
            opacity: 0.9;
        }

        /* 애니메이션 */ @keyframes
        fadeInUp {
            from {
                opacity: 0;
                transform: translateY(20px);
            }
            to {
                opacity: 1;
                transform: translateY(0);
            }
        }

        .animate-fade-in {
            animation: fadeInUp 0.6s ease-out forwards;
        }
    </style>
</head>
<body>
    <div class="hero-section">
        <h1 class="hero-title animate-fade-in">환영합니다</h1>
        <p class="hero-description animate-fade-in">
            최신 웹 기술을 활용한 현대적인 디자인을 경험해보세요.
        </p>
    </div>
</body>
</html>
```

3. 인라인 스타일

인라인 스타일은 HTML 요소의 style 속성을 통해 직접 스타일을 적용하는 방식입니다.

```
<!-- 동적 스타일링이 필요한 경우의 예시 -->
<div style="
    display: grid;
    grid-template-columns: repeat(auto-fit, minmax(250px, 1fr)); gap: 20px;
    padding: 20px;
    background: #f8f9fa;
```

```
">
    <div style="
        background: white;
        padding: 20px;
        border-
        radius: 8px;
        box-shadow: 0 2px 4px rgba(0, 0, 0, 0.1);
">
        <h2 style="color: #333; margin-bottom: 10px;">인라인 스타일 예시</h2>
        <p style="color: #666; line-height: 1.6;">
            인라인 스타일은 특정 요소에 직접적인 스타일을 적용할 때 사용됩니다.
        </p>
    </div>
</div>
```

\ CSS 우선순위

CSS에서는 여러 스타일 규칙이 충돌할 때 어떤 스타일이 적용될지를 결정하는 우선순위 체계가 있습니다.

1. 우선순위 점수 계산

1. 인라인 스타일: 1000점

2. ID 선택자: 100점

3. 클래스/속성/가상 클래스 선택자: 10점

4. 요소/가상 요소 선택자: 1점

예시:

```
/* 점수: 1 (요소 선택자) */ p {
    color: blue;
}

/* 점수: 10 (클래스 선택자) */
.text {
    color: red;
}

/* 점수: 100 (ID 선택자) */ #unique {
    color: green;
}

/* 점수: 11 (요소 선택자 + 클래스 선택자) */ p.text {
    color: purple;
}
```

2. !important 선언

!important는 모든 우선순위를 무시하고 해당 스타일을 강제로 적용합니다.

```css
.critical-style {
    color: red !important; /* 다른 모든 색상 속성보다 우선 적용됨 */
}
```

주의: !important는 스타일 관리를 어렵게 만들 수 있으므로 신중하게 사용해야 합니다.

4 CSS 레이아웃 시스템

4.1 / Flexbox 레이아웃

Flexbox는 1차원 레이아웃 모델로, 행이나 열 방향으로 요소를 배치하는 데 적합합니다.

1. 기본 구조

```css
.flex-container
    {
    display: flex;
    justify-content: space-between;
    align- items: center;
    gap: 20px;
}

.flex-item {
    flex: 1; /* flex-grow: 1, flex-shrink: 1, flex-basis: 0% */
}
```

2. Flexbox 속성 상세

1. 컨테이너 속성

```css
.flex-container {
    /* 주축 방향 설정 */
    flex-direction: row | row-reverse | column | column-reverse;

    /* 줄 바꿈 설정 */
    flex-wrap: nowrap | wrap | wrap-reverse;
```

```css
    /* 주축 정렬 */
    justify-content: flex-start | flex-end | center | space-between | space-around | space- evenly;

    /* 교차축 정렬 */
    align-items: stretch | flex-start | flex-end | center | baseline;

    /* 여러 행 정렬 */
    align-content: flex-start | flex-end | center | space-between | space-around | stretch;

    /* 간격 설정 */ gap: 20px;
    row-gap: 10px; column-gap: 15px;
}
```

2. 아이템 속성

```css
.flex-item {
    /* 유연한 크기 조정 */
    flex-grow: 1;          /* 남은 공간 분배 비율 */
    flex-shrink: 1;        /* 축소 비율 */
    flex-basis: auto; /* 기본 크기 */

    /* 개별 정렬 */
    align-self: auto | flex-start | flex-end | center | baseline | stretch;

    /* 배치 순서 */
    order: 0; /* 기본값 0, 작은 값이 먼저 배치 */
}
```

3. Flexbox 활용 예시

```css
.navbar {
    display: flex;
    justify-content: space-between;
    align- items: center;
    padding: 1rem;
    background- color: #333;
}

    .nav-logo {
        flex-shrink: 0; /* 로고 크기 유지 */
}

.nav-links {
    display: flex; gap:
```

```
        1rem;
    }

.nav-item {
    color: white;
    text-decoration: none;
}
```

2. 카드 레이아웃

```
.card-container {
    display: flex;
    flex-wrap: wrap;
    gap: 20px;
    padding: 20px;
}

.card {
    flex: 1 1 300px; /* 최소 300px, 유연하게 늘어남 */ display: flex;
    flex-direction: column;
    background: white;
    border- radius: 8px;
    overflow: hidden;
    box-shadow: 0 2px 4px rgba(0, 0, 0, 0.1);
}

.card-image {
    width: 100%;
    height: 200px;
    object-fit: cover;
}

.card-content {
    flex: 1; /* 남은 공간 채우기 */
    padding: 20px;
}

.card-footer {
    padding: 15px;
    border-top: 1px solid #eee;
}
```

3. 중앙 정렬 레이아웃

```
.center-container {
    display: flex;
    justify-content: center;
    align-items: center;
    min-height: 100vh;
}

.modal {
    max-width: 500px;
    width: 90%;
    padding: 30px;
    background: white;
    border-radius: 8px;
    box-shadow: 0 4px 6px rgba(0, 0, 0, 0.1);
}
```

4.2 / Grid 레이아웃

Grid는 2차원 레이아웃 시스템으로, 행과 열을 동시에 제어할 수 있습니다.

1. 기본 구조

```
.grid-container
    { display: grid;
    grid-template-columns: repeat(3, 1fr);
    grid  template  rows: auto;
    gap: 20px;
}

.grid-item {
    background-color: #f0f0f0; padding: 20px;
}
```

2. Grid 속성 상세

1. 컨테이너 속성

```
.grid-container {
    /* 열 정의 */
    grid-template-columns: repeat(auto-fit, minmax(250px, 1fr));

    /* 행 정의 */
    grid-template-rows: repeat(3, 200px);
```

```
        /* 영역 이름 정의 */ grid-template-areas:
    "header header
        header" "sidebar
        main main" "footer footer footer";

    /* 간격 설정 */ gap: 20px;
    row-gap: 15px; column-gap: 10px;

    /* 정렬 */
    justify-items: start | end | center | stretch;
    align-items: start | end | center | stretch;

}
```

2. 아이템 속성

```
.grid-item {
    /* 영역 지정 */
    grid-area: header;
    /* 특정 셀 위치 지정 */
    grid-column: 1 / 3; /* 시작선 / 끝선 */ grid-
    row: 2 / 4;   /* 시작선 / 끝선 */

    /* 개별 정렬 */
    justify-self: start | end | center | stretch; align-self: start |
    end | center | stretch;
}
```

3. Grid 레이아웃 활용 예시

1. 웹사이트 기본 레이아웃

```
.site-layout { display: grid;
    grid-template-areas: "header header header" "nav main aside" "footer footer footer";
    grid-template-columns: 200px 1fr 200px;
    grid-template-rows: auto 1fr auto;
    min-height: 100vh; gap: 20px;
}

.header { grid-area: header; }
.nav { grid-area: nav; }
.main { grid-area: main; }
.aside { grid-area: aside; }
.footer { grid-area: footer; }
```

```css
/* 반응형 조정 */
@media (max-width: 768px) {
    .site-layout {
        grid-template-areas: "header"
            "nav"
            "main"
            aside"
            "footer";
        grid-template-columns: 1fr;
    }
}
```

2. 갤러리 레이아웃

```css
.gallery {
    display: grid;
    grid-template-columns: repeat(auto-fill, minmax(200px, 1fr));
    gap: 20px;
    padding: 20px;
}

.gallery-item {
    position: relative;
    padding-bottom: 100%; /* 정사각형 비율 유지 */
}
.gallery-image {
    position: absolute;
    top: 0;
    left: 0;
    width: 100%;
    height: 100%;
    object-fit: cover;
    border-radius: 8px;
    transition: transform 0.3s ease;
}

.gallery-item:hover .gallery-image { transform: scale(1.05);
}
```

3. 대시보드 레이아웃

```css
.dashboard {
    display: grid;
    grid-template-columns: repeat(4, 1fr);
    grid-auto- rows: minmax(150px, auto);
    gap: 20px;
    padding: 20px;
}

.widget {
    background: white;
    border-radius: 8px;
    padding: 20px;
    box-shadow: 0 2px 4px rgba(0, 0, 0, 0.1);
}

.widget-large {
    grid-column: span 2;
    grid-row: span 2;
}

.widget-medium {
    grid-column: span 2;
}

@media (max-width: 1024px) {
    .dashboard {
        grid-template-columns: repeat(2, 1fr);
}
}

@media (max-width: 576px) {
    .dashboard {
        grid-template-columns: 1fr;
}

    .widget-large,
    .widget-medium { grid-
        column: 1;
    }
}
```

5 CSS 애니메이션과 트랜지션

트랜지션(Transition)

트랜지션은 속성 값의 변화를 부드럽게 처리합니다.

1. 기본 문법

```
.element {
    /* 개별 속성 지정 */
    transition-property: transform, opacity;
    transition-duration: 0.3s;
    transition-timing-function: ease-out;
    transition-delay: 0s;

    /* 단축 속성 */
    transition: all 0.3s ease-out;
}
```

2. 트랜지션 활용 예시

1. 버튼 호버 효과

```
.button {
    padding: 10px 20px;
    background   color: #007bff;
    color: white;
    border: none;
    border- radius: 4px;
    transform: translateY(0);
    transition: all 0.3s cubic-bezier(0.4, 0, 0.2, 1);
}

.button:hover {
    background-color: #0056b3;
    transform: translateY(-2px);
    box-shadow: 0 4px 6px rgba(0, 0, 0, 0.1);
}

.button:active {
    transform: translateY(1px);
}
```

2. 카드 호버 효과

```css
.card {
    position: relative;
    background: white;
    border-radius: 8px;
    overflow: hidden;
    transition: transform 0.3s ease, box-shadow 0.3s ease;
}

.card-content
    {
    padding: 20px;
}

.card-overlay {
    position: absolute;
    top: 0;
    left: 0;
    width: 100%;
    height: 100%;
    background: rgba(0, 0, 0, 0.5);
    opacity: 0;
    transition: opacity 0.3s ease;
    display: flex;
    align-items: center;
    justify- content: center;
    color: white;
}

.card:hover {
    transform: translateY(-5px);
    box-shadow: 0 8px 16px rgba(0, 0, 0, 0.1);
}

.card:hover .card-overlay { opacity: 1;
}
```

5.2 개발 단계 상세 설명

CSS 애니메이션을 사용하면 요소에 더 복잡한 동작을 적용할 수 있습니다.

1. 기본 문법

```css
/* 키프레임 정의 */
@keyframes slideIn {
    from {
```

```
            transform: translateX(-100%);
        opacity: 0;
        }
        to {
            transform: translateX(0);
        opacity: 1;
        }
}

.animated-element {
    /* 개별 속성 */
    animation-name: slideIn;
    animation-duration: 1s;
    animation-timing-function: ease-out;
    animation-delay: 0s;
    animation-iteration-count: 1;
    animation-direction: normal;
    animation-fill-mode: forwards;

    /* 단축 속성 */
    animation: slideIn 1s ease-out forwards;
}
```

2. 복잡한 애니메이션 예시

1. 로딩 스피너

```
@keyframes spin { 0% {
        transform: rotate(0deg);
    }
    100% {
        transform: rotate(360deg);
    }
}

.spinner {
    width: 40px;
    height: 40px;
    border: 4px solid #f3f3f3;
    border-top: 4px solid #3498db;
    border-radius: 50%;
    animation: spin 1s linear infinite;
}
```

2. 펄스 효과

```css
@keyframes pulse { 0%
    {
        transform: scale(1); opacity:
        1;
    }
    50% {
        transform: scale(1.05); opacity: 0.8;
    }
    100% {
        transform: scale(1); opacity:
        1;
    }
}

.notification-badge {
    display: inline- block;
    padding: 4px 8px;
    background-color: #ff4444;
    color: white;
    border-radius: 12px;
    animation: pulse 2s cubic-bezier(0.4, 0, 0.6, 1) infinite;
```

3. 순차적 페이드인 효과

```css
@keyframes fadeInUp { from
    {
        opacity: 0;
        transform: translateY(20px);
    }
    to {
        opacity: 1;
        transform: translateY(0);
    }
}

.stagger-animation > * {
    opacity: 0;
    animation: fadeInUp 0.5s ease-out forwards;
}

.stagger-animation > *:nth-child(1) { animation-delay: 0.1s; }
.stagger-animation > *:nth-child(2) { animation-delay: 0.2s; }
.stagger-animation > *:nth-child(3) { animation-delay: 0.3s; }
.stagger-animation > *:nth-child(4) { animation-delay: 0.4s; }
```

6 반응형 웹 디자인

6.1 ／ 미디어 쿼리 기본

미디어 쿼리를 사용하면 다양한 디바이스와 화면 크기에 대응하는 스타일을 정의할 수 있습니다.

1. 기본 문법

```
/* 기본 미디어 쿼리 구문 */
@media screen and (max-width: 768px) {
    /* 태블릿 이하 크기 스타일 */
}

@media screen and (min-width: 769px) and (max-width: 1024px) {
    /* 태블릿 전용 스타일 */
}

@media screen and (min-width: 1025px) {
    /* 데스크톱 스타일 */
}
```

2. 주요 중단점(Breakpoint) 설정

```
/* 모바일 우선 접근법 */
/* 기본 스타일 (모바일) */
.container {
    width: 100%;
    padding: 15px;
}

/* 태블릿 */
@media screen and (min-width: 768px) {
    .container {
        max-width: 720px;
        margin: 0 auto;
    }
}

/* 작은 데스크톱 */
@media screen and (min-width: 1024px) {
    .container {
        max-width: 960px;
```

```
        }
    }

    /* 큰 데스크톱 */
    @media screen and (min-width: 1200px) {
        .container {
            max-width: 1140px;
        }
    }
```

1. 유동적 그리드 시스템

```
.grid {
    display: grid;
    grid-template-columns: repeat(auto-fit, minmax(300px, 1fr));
    gap: 20px;
}

/* 모바일에서 단일 컬럼으로 변경 */
@media screen and (max-width: 600px) {
    .grid {
        grid-template-columns: 1fr;
    }
}
```

2. 반응형 내비게이션

```
.nav {
    display: flex;
    justify-content: space-between;
    align- items: center;
    padding: 1rem;
}

.nav-links {
    display: flex; gap:
    1rem;
}

.nav-toggle {
    display: none;
}
```

```
@media screen and (max-width: 768px) {
    .nav-links {
        display: none; position:
        absolute; top: 100%;
        left: 0;
        width: 100%;
        background: white;
        flex-direction: column;
        padding: 1rem;
    }

    .nav-links.active {
        display: flex;
    }

    .nav-toggle {
        display: block;
    }
}
```

3. 반응형 이미지

```
.responsive-image {
    max- width: 100%;
    height: auto;
}

/* 아트 디렉션 */ picture {
    display: block;
}

source {
    width: 100%;
}

/* 배경 이미지 */
.hero {
    background-image: url('large.jpg');
    background-size: cover;
    background-position: center;
}

@media screen and (max-width: 768px) {
    .hero {
        background-image: url('small.jpg');
    }
}
```

6.3 유동형 타이포그래피

```
:root {
    --fluid-min-width: 320;
    --fluid-max-width: 1200;
    --fluid-min-size: 16;
    --fluid-max-size: 24;
    --fluid-min-ratio: calc(var(--fluid-min-size) / var(--fluid-min-width));
    --fluid-max-ratio: calc(var(--fluid-max-size) / var(--fluid-max-width));
}

body {
    font-size: clamp(
        var(--fluid-min-size) * 1px,
        calc(1rem + ((1vw - var(--fluid-min-width) * 0.01px) * var(--fluid-ratio))),
        var(--fluid-max-size) * 1px
    );
}
```

7 CSS 최적화와 성능

7.1 CSS 선택자 최적화

```
/* 비효율적인 선택자 */
body div.container div.content p span { color: red; }

/* 최적화된 선택자 */
.content-text { color: red; }
```

7.2 리페인트/리플로우 최소화

```
/* 비효율적인 방식 */
.element {
    top: 10px; left:
    10px;
    position: absolute;
    /* 각 속성마다 리플로우 발생 */
}
```

```
/* 최적화된 방식 */
.element {
    transform: translate(10px, 10px);
    /* GPU 가속 활용, 단일 리페인트 */
}
```

7.3 CSS 로딩 최적화

```html
<!-- 중요한 CSS는 인라인으로 -->
<style>
    /* Critical CSS */
    .header {
        /* ... */
}
</style>

<!-- 나머지는 비동기 로드 -->
<link rel="preload" href="styles.css" as="style" onload="this.rel='stylesheet'">
```

8 GPT를 활용한 CSS 개발 노하우

8.1 효과적인 GPT 활용 전략

1. 명확한 요구사항 전달

```
/* 비효율적인 질문 예시 */ "버튼 예쁘게 만들어줘"

/* 효과적인 질문 예시 */
"파란색 계열의 그라데이션 배경을 가진 버튼을 만들고 싶습니다.
호버 시 약간 위로 떠오르는 효과와 그림자가 생기도록 해주세요. 모서리는 둥글게 처리하고 싶습니다."
```

2. 단계별 개선 요청

```
1단계: "기본적인 버튼 스타일을 만들어주세요."
2단계: "이 버튼에 호버 효과를 추가하고 싶습니다."
3단계: "모바일 환경에서는 버튼이 전체 너비를 차지하도록 수정해주세요."
```

8.2 / GPT를 활용한 문제 해결

1. 레이아웃 문제 해결

질문 예시:
"3열 그리드 레이아웃을 만들었는데, 모바일에서 1열로 변경하고 싶습니다. 현재 코드는 다음과 같습니다: [코드 첨부]
어떻게 수정해야 할까요?"

2. 애니메이션 구현

질문 예시:
"다음과 같은 요구사항을 가진 애니메이션을 만들고 싶습니다:
1. 요소가 처음 나타날 때 아래에서 위로 서서히 나타남
2. 투명도가 0에서 1로 변화
3. 전체 애니메이션은 0.5초 동안 진행
CSS keyframes로 어떻게 구현할 수 있을까요?"

8.3 / CSS 최적화 및 리팩토링

1. 코드 리뷰 요청

질문 예시:
"다음 CSS 코드를 리뷰해주세요:
[코드 첨부]
1. 성능 개선 포인트가 있다면 알려주세요.
2. 더 나은 방법이 있다면 제안해주세요.
3. 브라우저 호환성 문제가 있는지 확인해주세요."

2. 애니메이션 구현

질문 예시:
"현재 미디어 쿼리를 사용한 반응형 디자인을 구현했습니다: [코드 첨부]
더 효율적인 중단점 설정이나
최신 CSS 기능을 활용한 개선 방법이 있을까요?"

8.4 / 실전 활용 팁

1. 스타일 가이드 생성

질문 예시:
"다음 디자인 요구사항에 맞는 CSS 변수와 기본 스타일 가이드를 작성해주세요:

- 주 색상: #007bff
- 보조 색상: #6c757d
- 기본 폰트: 'Noto Sans KR'
- 반응형 중단점: 모바일, 태블릿, 데스크톱"

2. 특정 효과 구현

질문 예시:
"카드 호버 시 다음과 같은 효과를 주고 싶습니다:
1. 부드러운 위로 떠오름 효과
2. 그림자 증가
3. 배경색 살짝 변경
어떻게 구현할 수 있을까요?"

8.5 \ 문제 해결 시나리오

1. 크로스 브라우저 이슈

질문 예시:
"Safari에서 grid gap이 제대로 적용되지 않습니다. 크로스 브라우저 호환성을 위한
대체 방법이나 해결 방안이 있을까요?"

2. 성능 최적화

질문 예시:
"현재 복잡한 애니메이션으로 인해 성능 이슈가 있습니다: [코드 첨부]
GPU 가속을 활용하거나 성능을 개선할 수 있는 방법을 제안해주세요."

8.6 \ CSS 최신 트렌드 활용

1. 최신 기능 학습

질문 예시:
"CSS에서 새롭게 도입된 container queries나 subgrid 같은 기능들의 실제 활용 예시를 보여주세요."

2. 대체 기술 제안

질문 예시:
"현재 JavaScript로 구현된 애니메이션을 순수 CSS로 구현할 수 있는 방법이 있을까요?"

GPT를 활용할 때는 명확한 요구사항과 현재 상황을 잘 설명하는 것이 중요합니다. 또한, 단계적인 접근을 통해 원하는 결과를 얻을 수 있으며, 지속적인 피드백과 개선을 통해 최적의 결과물을 만들어낼 수 있습니다.

결론

CSS는 웹 개발에서 필수적인 기술로, 적절한 활용을 통해 사용자 경험을 크게 향상시킬 수 있습니다. 기본 개념을 잘 이해하고 실전에서 활용하면서, 지속적인 학습과 실험을 통해 CSS 기술을 발전시켜 나가는 것이 중요합니다. 다음 장에서는 JavaScript를 통해 웹 페이지에 동적인 기능을 추가하는 방법을 학습하게 됩니다.

JavaScript와 jQuery
- 동적 웹 프로그래밍의 기초

들어가며: JavaScript, 현대 웹 프로그래밍의 핵심

이전까지 우리는 HTML과 CSS를 통해 웹의 구조와 스타일을 다루는 방법을 학습했습니다. 이제 우리는 웹 페이지에 생명력을 불어넣는 진정한 프로그래밍 언어, JavaScript를 탐구할 시간입니다.

JavaScript는 웹 개발에서 가장 핵심적인 프로그래밍 언어로, 정적인 웹 페이지를 동적으로 만들어주는 강력한 노구입니다. 사용자의 입력을 처리하고, 웹 페이지의 요소들을 동적으로 변경하며, 실시간으로 상호작용하는 웹 애플리케이션을 만들 수 있게 해줍니다. 그러나 JavaScript의 학습 곡선은 처음에는 다소 가파를 수 있습니다.

이러한 초기 진입장벽을 낮추기 위해 jQuery라는 프레임워크가 등장했습니다. jQuery는 JavaScript의 복잡한 기능들을 더 간단하고 직관적인 방식으로 구현할 수 있게 해주는 도구입니다. 전 세계 웹사이트의 90% 이상이 jQuery를 사용하고 있다는 사실은 그 실용성과 접근성을 잘 보여줍니다.

특히 주목할 만한 점은 jQuery와 JavaScript의 관계입니다. 이들은 별개의 언어가 아니라, jQuery는 JavaScript를 더 쉽게 사용할 수 있도록 도와주는 확장도구입니다. 마치 자전거를 배울 때 보조바퀴를 사용하는 것처럼, jQuery는 JavaScript 학습의 시작점으로서 훌륭한 역할을 합니다.

더욱 흥미로운 것은 JavaScript의 확장성입니다. JavaScript에 익숙해지면 Node.js와 같은 백엔드 개발까지 확장할 수 있습니다. 동일한 문법을 사용하기 때문에, JavaScript는 프론트엔드에서 백엔드까지 아우르는 현대 웹 개발의 만능 도구로 자리잡았습니다.

이제부터 우리는 JavaScript의 기초부터 시작하여, jQuery를 활용한 실용적인 웹 개발 방법을 학습할 것입니다. 처음에는 생소하고 어려울 수 있지만, jQuery를 통해 점진적으로 접근함으로써, 결국에는 JavaScript의 강력한 기능을 자유자재로 다룰 수 있게 될 것입니다. 이는 단순한 프로그래밍 언어의 습득을 넘어서, 현대 웹 개발의 무한한 가능성을 열어주는 열쇠가 될 것입니다.

1 동적 웹 개발의 시작

1.1 JavaScript와 jQuery의 역할과 중요성

웹 개발에서 JavaScript와 jQuery는 정적인 웹 페이지에 생명을 불어넣는 핵심 기술입니다. HTML이 웹 페이지의 구조를, CSS가 디자인을 담당한다면, JavaScript는 사용자와의 상호작용과 동적인 기능을 구현하는 역할을 수행합니다.

1. JavaScript의 특징

1. 프로그래밍 언어로서의 JavaScript

- 웹 브라우저에서 실행되는 유일한 프로그래밍 언어
- 클라이언트 측 로직 구현 가능
- 서버와의 실시간 통신 지원

2. 기능적 특징

- DOM(Document Object Model) 조작
- 이벤트 처리
- 비동기 통신 처리
- 데이터 검증 및 처리

2. jQuery의 위치

jQuery는 JavaScript 라이브러리로서 다음과 같은 특징을 가집니다:

1. 사용성

- 간결한 문법 제공
- 크로스 브라우저 호환성
- 풍부한 플러그인 생태계

2. 보편성

- 전 세계 웹사이트의 90% 이상에서 사용
- Google, Microsoft, IBM 등 주요 기업들이 활용
- 광범위한 커뮤니티 지원

JavaScript와 jQuery의 효과적인 학습을 위해 다음과 같은 접근 방법을 권장합니다:

1. jQuery 우선 학습

1. 장점

- 빠른 학습 곡선
- 즉각적인 결과 확인
- 실무 활용도 높음

2. 학습 순서

```
1단계: jQuery 기본 문법 이해
2단계: 주요 기능 실습
3단계: 실전 프로젝트 적용
4단계: JavaScript 기초 이해
5단계: 고급 기능 학습
```

2. 병행 학습 전략

```
// JavaScript 예시
document.getElementById('myElement').innerHTML = 'Hello World';

// jQuery 동일 기능 구현
$('#myElement').html('Hello World');
```

2 JavaScript 기초

2.1 \ JavaScript의 기본 구문

1. HTML에서의 JavaScript 사용

1. 인라인 방식

```
<button onclick="alert('Hello!')">클릭</button>
```

2. 내부 스크립트

```
<script>
    function showMessage() {
    alert('안녕하세요!');
    }
</script>
```

3. 외부 스크립트

```
<script src="main.js"></script>
```

2. 기본 문법 요소

1. 변수 선언

```
// 변수 선언
let name = "홍길동";
const age = 25;
var oldStyle = "레거시 코드";

// 데이터 타입
let string = "문자열";
let number = 42;
let boolean = true;
let array = [1, 2, 3];
let object = {
    name: "홍길동",
    age: 25
};
```

2. 함수 정의

```
// 기본 함수 선언
function greet(name) {
    return `안녕하세요, ${name}님!`;
}

// 화살표 함수
const greetArrow = (name) => { return
    `안녕하세요, ${name}님!`;
};

// 즉시 실행 함수
(function() {
    console.log("페이지 로드 시 실행됩니다.");
})();
```

3. 조건문과 반복문

```javascript
// if 조건문
if (age >= 18) {
    console.log("성인입니다.");
} else {
    console.log("미성년자입니다.");
}

// switch 문
switch (grade) {
        case 'A':
        console.log("우수");
        break;
        case 'B':
        console.log("양호");
        break;
        default: console.log("보통");
}

// for 반복문
for (let i = 0; i < 5; i++) {
    console.log(`반복 ${i + 1}회차`);
}

// while 반복문
let counter = 0;
    while (counter < 5) {
    console.log(`카운터: ${counter}`);
    counter++;
}
```

2.2 \ DOM 조작

1. 요소 선택

```javascript
// ID로 선택
const element = document.getElementById('myId');

// 클래스로 선택
const elements = document.getElementsByClassName('myClass');

// CSS 선택자로 선택
const element = document.querySelector('.myClass');
const elements = document.querySelectorAll('.myClass');
```

2. 요소 조작

```
// 내용 변경
element.innerHTML = '<strong>새로운 내용</strong>';
element.textContent = '새로운 텍스트';

// 스타일 변경
element.style.backgroundColor = 'yellow'; element.style.fontSize = '16px';

// 클래스 조작
element.classList.add('active');
element.classList.remove('inactive'); element.classList.toggle('selected');

// 속성 조작
element.setAttribute('src', 'new-image.jpg'); const value = element.getAttribute('src');
```

2.3 / 이벤트 처리

1. 이벤트 리스너 추가

```
// 방법 1: addEventListener element.addEventListener('click', function(event) {
    console.log('클릭되었습니다!');
});

// 방법 2: 인라인 이벤트
<button onclick="handleClick()">클릭</button>

// 방법 3: 프로퍼티 할당
element.onclick = function() {
    console.log('클릭되었습니다!');
};
```

2. 주요 이벤트 유형

```
// 마우스 이벤트
element.addEventListener('mouseenter', function(e) {
    console.log('마우스가 들어왔습니다.');
});

element.addEventListener('mouseleave', function(e) {
    console.log('마우스가 나갔습니다.');
});
```

```javascript
// 키보드 이벤트
document.addEventListener('keydown', function(e) {
    console.log(`키가 눌렸습니다: ${e.key}`);
});

// 폼 이벤트
form.addEventListener('submit', function(e) {
    e.preventDefault(); // 기본 동작 중단 console.log('폼이 제출되었습니다.');
});
```

2.4 / 비동기 처리

1. Promise 사용

```javascript
function fetchData() {
    return new Promise((resolve, reject) => {
            setTimeout(() => {
            const data = { id: 1, name: "데이터" };
            resolve(data);
            // 실패 시: reject(new Error('에러 발생'));
        }, 1000);
    });
}
fetchData()
    .then(data => console.log(data))
    .catch(error => console.error(error));
```

2. async/await 사용

```javascript
async function getData() {
        try {
        const response = await fetch('https://api.example.com/data');
        const data = await response.json();
        console.log(data);
    } catch (error) {
        console.error('데이터 로딩 실패:', error);
    }
}
```

2.5 에러 처리

1. try-catch 구문

```
try {
    // 잠재적으로 에러가 발생할 수 있는 코드 const result = someFunction();
    console.log(result);
} catch (error) {
    console.error('에러 발생:', error.message);
} finally {
    console.log('항상 실행되는 코드');
}
```

2. 커스텀 에러

```
class ValidationError extends Error {
        constructor(message) {
        super(message);
        this.name = 'ValidationError';
    }
}

function validateUser(user) {
        if (!user.name) {
        throw new ValidationError('이름은 필수입니다.');
    }
}
```

3 jQuery 심화

3.1 jQuery 설정과 기본 구조

1. jQuery 포함하기

```
<!-- CDN 방식 -->
<script src="https://code.jquery.com/jquery-3.6.0.min.js"></script>

<!-- 로컬 파일 방식 -->
<script src="js/jquery-3.6.0.min.js"></script>
```

2. 기본 구조

```
// 문서 준비 상태 확인
$(document).ready(function() {
    // jQuery 코드
});


// 축약형
$(function() {
    // jQuery 코드
});
```

3.2 \ 선택자와 탐색

1. 기본 선택자

```
// 요소 선택자
$('p')                      // 모든 p 태그 선택
$('div.container')          // container 클래스를 가진 div 선택
$('#header')                // id가 header인 요소 선택


// 복합 선택자
$('ul li')                  // ul 안의 모든 li
$('ul > li')                // ul의 직계 자식 li
$('h1 + p')                 // h1 바로 다음의 p
$('h1 ~ p')                 // h1 이후의 모든 p
```

2. 필터링과 탐색

```
// 필터링 메서드
$('li').first()             // 첫 번째 li
$('li').last()              // 마지막 li
$('li').eq(2)               // 인덱스 2의 li
$('li').filter('.active')   // active 클래스가 있는 li


// 트래버싱 메서드
$('li').parent()            // 부모 요소
$('li').children()          // 자식 요소들
$('li').siblings()          // 형제 요소들
$('li').next()              // 다음 요소
$('li').prev()              // 이전 요소
```

3.3 / DOM 조작

1. 내용 조작

```
// 내용 가져오기/설정하기
$('#element').html();                  // HTML 내용 가져오기
$('#element').html('<p>새로운 내용</p>'); // HTML 설정

$('#element').text();                  // 텍스트 내용
$('#element').text('새로운 텍스트'); // 텍스트 설정

// 속성 조작
$('#image').attr('src');               // src 속성 값 가져오기
$('#image').attr('src', 'new.jpg'); // src 속성 설정
$('#image').removeAttr('src'); // src 속성 제거

// 클래스 조작
$('#element').addClass('active');       // 클래스 추가
$('#element').removeClass('active'); // 클래스 제거
$('#element').toggleClass('active'); // 클래스 토글
```

2. 요소 추가/제거

```
// 요소 추가
$('#target').append('<p>끝에 추가</p>');      // 내부 끝에 추가
$('#target').prepend('<p>시작에 추가</p>');   // 내부 시작에 추가
$('#target').after('<p>다음에 추가</p>');     // 다음에 추가
$('#target').before('<p>이전에 추가</p>');    // 이전에 추가

// 요소 제거
$('#target').remove();        // 요소 완전 제거
$('#target').empty();         // 내용만 제거
$('#target').detach();        // 요소 제거 후 데이터 보존
```

3.4 / 이벤트 처리

1. 이벤트 바인딩

```
// 기본 이벤트 바인딩
$('#button').click(function() {
console.log('클릭됨');
});

// on 메서드 사용
$('#button').on('click', function() {
```

```
    console.log('클릭됨');
});

// 여러 이벤트 한번에 바인딩
$('#button').on({
    click: function() { console.log('클릭됨'); }, mouseenter: function()
    { console.log('마우스진입'); }, mouseleave: function()
    { console.log('마우스 이탈'); }
});
```

2. 이벤트 위임

```
// 동적으로 추가되는 요소에 대한 이벤트 처리
$(document).on('click', '.dynamic-element', function() {
    console.log('동적 요소 클릭됨');
});

// 이벤트 네임스페이스 사용
$('#button').on('click.namespace', function() {
    console.log('특정 네임스페이스의 클릭 이벤트');
});
```

3.5 애니메이션과 효과

1. 기본 효과

```
// 표시/숨김 효과
$('#element').show();           // 요소 표시
$('#element').hide();           // 요소 숨김
$('#element').toggle();         // 토글

// 페이드 효과
$('#element').fadeIn('slow');       // 서서히 나타남
$('#element').fadeOut('fast');      // 서서히 사라짐
$('#element').fadeToggle(1000);     // 페이드 토글

// 슬라이드 효과
$('#element').slideDown();      // 아래로 슬라이드
$('#element').slideUp();        // 위로 슬라이드
$('#element').slideToggle();    // 슬라이드 토글
```

2. 사용자 정의 애니메이션

```javascript
// animate 메서드 사용
$('#element').animate({
    opacity: 0.5,
    left: '+=50',
    width: '70%'
}, {
    duration: 1000, easing:
    'swing', complete: function() {
        console.log('애니메이션 완료');
    }
});


// 애니메이션 체이닝
$('#element')
    .slideDown(500)
    .delay(1000)
    .fadeOut(500)
    .fadeIn(500);
```

3.6 / Ajax 통신

1. 기본 Ajax 요청

```javascript
// GET 요청
$.get('api/data', function(response) {
    console.log('데이터 받음:', response);
});


// POST 요청
$.post('api/save', {
    name: '홍길동', age: 25
}, function(response) {
    console.log('저장 완료:', response);
});


// ajax 메서드 사용
$.ajax({
    url: 'api/endpoint',
    method: 'POST', data: {
        id: 1,
        name: '홍길동'
    },
    success: function(response) {
        console.log('성공:', response);
    },
    error: function(xhr, status, error)
        { console.error('에러:', error);
}
});
```

2. Promise 기반 Ajax

```javascript
// fetch API와 유사한 방식
$.ajax({
    url: 'api/data',
    method: 'GET'
})
.then(function(response) {
    console.log('성공:', response); return $.ajax({
        url: 'api/related', method: 'GET'
        });
})
.then(function(relatedData) {
    console.log('관련 데이터:', relatedData);
})
.catch(function(error) {
    console.error('에러 발생:', error);
});
```

3.7 / 유틸리티 메서드

1. 배열과 객체 처리

```javascript
// 배열 순회
$.each(['a', 'b', 'c'], function(index, value) {
    console.log(index + ':  ' + value);
});

// 객체 순회
$.each({name: '홍길동', age: 25}, function(key, value) {
    console.log(key + ': ' + value);
});

// 배열 맵핑
const numbers = [1, 2, 3];
const doubled = $.map(numbers, function(num) {
return num * 2;
});

// 객체 확장
const defaults = { size: 'medium', color: 'black' };
const userOptions =
{ color: 'red' };
const settings = $.extend({}, defaults, userOptions);
```

2. 타입 체크와 유틸리티

```javascript
// 타입 체크
$.isArray([1, 2, 3]);            // true
$.isFunction(function() {});   // true
$.isNumeric('123.45');          // true
$.isEmptyObject({});
// 문자열 트림
$.trim(' Hello, World! '); // "Hello, World!"


// 파라미터 파싱
$.param({name: '홍길동', age: 25}); // "name=홍길동&age=25"
```

3.8 / 플러그인 개발과 사용

1. 플러그인 생성

```javascript
(function($) {
    $.fn.highlight = function(options) {
        // 기본 설정과 사용자 설정 병합
        const settings = $.extend({
        color: 'yellow', duration: 500
        }, options);

        // 체이닝을 위해 this 반환
        return this.each(function() {
        const $element = $(this);
        const originalColor = $element.css('background-color');

        $element
            .css('background-color', settings.color)
            .delay(settings.duration)
            .queue(function() {
                $(this)
                    .css('background-color', originalColor)
                    .dequeue();
            });
        });
    };
})(jQuery);

// 사용 예시
$('p').highlight({
    color: 'orange', duration:
    1000
});
```

2. 플러그인 이벤트 처리

```javascript
(function($) {
    $.fn.customTabs = function() {
        return this.each(function() {
            const $tabs = $(this);
            const $tabButtons = $tabs.find('.tab-button');
            const $tabContents = $tabs.find('.tab-content');

            $tabButtons.on('click', function() {
                const $button = $(this);
                const index = $button.index();

                $tabButtons.removeClass('active');
                $button.addClass('active');

                $tabContents.hide();
                $tabContents.eq(index).show();

                // 커스텀 이벤트 발생
                $tabs.trigger('tabChange', [index]);
            });
        });
    };
})(jQuery);

// 사용 예시
$('.tabs')
    .customTabs()
    .on('tabChange', function(event, index) { console.log('탭 변경됨:',
        index);
});
```

1. 선택자 최적화

```javascript
// 비효율적인 방식
$('div.container').find('p.highlight').css('color', 'red');

// 최적화된 방식
$('.container .highlight').css('color', 'red');

// 캐싱
const $container = $('.container');
$container.find('.highlight').css('color', 'red');
$container.find('.subtitle').css('font-size', '14px');
```

2. 이벤트 최적화

```javascript
// 비효율적인 방식
$('.item').each(function() {
    $(this).on('click', function() {
        // 처리 로직
    });
});

// 최적화된 방식 (이벤트 위임)
$('.container').on('click', '.item', function() {
    // 처리 로직
});
```

4   GPT를 활용한 JavaScript/jQuery 개발 노하우

4.1   효과적인 프롬프트 작성법

1. 기능 구현 요청

```
/* 비효율적인 요청 예시 */
"버튼 클릭하면 텍스트 바뀌게 해줘"

/* 효과적인 요청 예시 */
"jQuery를 사용하여 다음 기능을 구현하고 싶습니다:
1. 버튼 클릭 시 특정 div의 텍스트가 변경
2. 텍스트 변경 시 페이드 효과 적용
3. 3초 후 원래 텍스트로 복귀

HTML 구조와 jQuery 코드를 함께 제공해주세요."
```

2. 디버깅 요청

```
/* 비효율적인 요청 예시 */ "코드가 안 돼요. 고쳐주세요."

/* 효과적인 요청 예시 */
"다음 jQuery 코드에서 문제가 발생합니다: [코드 첨부]

현재 증상:
```

- 버튼 클릭 시 콘솔에 에러 발생
- 애니메이션이 작동하지 않음

콘솔 에러 메시지:
[에러 메시지 첨부]

어떤 부분을 수정해야 하나요?"

4.2 \ 일반적인 활용 사례

1. 이벤트 핸들러 작성

질문 예시:
"다음과 같은 이벤트 처리가 필요합니다:
1. 폼 제출 시 유효성 검사
2. 파일 업로드 시 미리보기 표시
3. 드래그 앤 드롭 기능

jQuery와 JavaScript 두 가지 방식으로 구현 코드를 보여주세요."

2. 애니메이션 구현

질문 예시:
"다음 애니메이션을 jQuery로 구현하고 싶습니다:
- 요소가 천천히 오른쪽으로 이동
- 이동 중 투명도 점진적 변경
- 이동 완료 후 크기 확대
- 모든 애니메이션은 부드럽게 연결

성능을 고려한 최적의 구현 방법을 알려주세요."

4.3 \ 코드 최적화 요청

1. 성능 개선

질문 예시:
"다음 jQuery 코드를 성능 관점에서 검토해주세요: [코드 첨부]

특히 다음 사항을 고려해주세요:
1. DOM 조작 최소화 방안
2. 이벤트 위임 적용 가능 여부
3. 캐싱 활용 방안"

2. 코드 리팩토링

질문 예시:
"현재 코드를 더 모듈화하고 재사용 가능하게 만들고 싶습니다: [코드 첨부]

다음 사항을 고려한 리팩토링을 제안해주세요:
1. jQuery 플러그인으로 변환
2. 옵션 구성 가능하도록 수정
3. 체이닝 가능하도록 구현"

4.4 특정 기능 구현 가이드

1. 동적 데이터 처리

질문 예시:
"API에서 받아온 데이터를 다음과 같이 처리하고 싶습니다:
1. 데이터를 테이블 형태로 표시
2. 정렬 및 필터링 기능 추가
3. 페이지네이션 구현
4. 실시간 업데이트 지원

jQuery와 JavaScript를 활용한 구현 방법을 설명해주세요."

2. 반응형 기능

질문 예시:
"모바일 환경을 고려한 다음 기능이 필요합니다:
1. 터치 스와이프 지원
2. 화면 크기에 따른 동적 레이아웃 조정
3. 모바일 특화 이벤트 처리

jQuery 모바일 또는 순수 JavaScript로의 구현 방법을 알려주세요."

4.5 문제 해결 전략

1. 브라우저 호환성

질문 예시:
"다음 코드가 IE11에서 문제가 발생합니다: [코드 첨부]

1. 호환성 이슈의 원인 파악
2. jQuery를 활용한 대체 구현 방법
3. 폴리필 적용 방안
을 제시해주세요."

2. 디버깅 전략

질문 예시:
"jQuery 애니메이션이 부자연스럽게 작동합니다: [코드 첨부]

1. 성능 프로파일링 방법
2. 디버깅 도구 활용 방안
3. 일반적인 성능 저하 원인
에 대해 설명해주세요."

4.6 활용 팁

1. 코드 생성 시
- 구체적인 요구사항 명시
- 예상 결과물 설명
- 제약 조건 언급

2. 디버깅 시
- 에러 메시지 전체 제공
- 실행 환경 정보 포함
- 재현 단계 설명

3. 최적화 시
- 현재 성능 이슈 설명
- 구체적인 사용 사례 제시
- 목표 성능 명시

GPT를 활용할 때는 명확하고 구체적인 요구사항을 전달하는 것이 중요합니다. 코드와 함께 맥락 정보를 충분히 제공하면, 더 정확하고 유용한 해결책을 받을 수 있습니다.

JavaScript 플러그인 활용

1. 플러그인의 이해와 활용
2. 주요 JavaScript 플러그인 소개
3. 플러그인 리소스 사이트
4. 플러그인 활용 전략

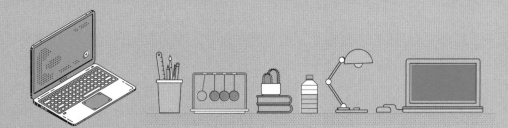

들어가며: JavaScript 플러그인으로 빠르고 효율적인 웹 개발

지금까지 우리는 HTML, CSS, JavaScript, 그리고 jQuery를 통해 프론트엔드 개발의 기본적인 도구들을 습득했습니다. 이러한 기술들을 통해 웹 페이지의 시각적 요소들을 자유롭게 구현할 수 있게 되었고, 이는 현대 웹 개발에서 매우 중요한 성과입니다.

특히 주목할 만한 점은, 이러한 기초 지식을 바탕으로 AI와의 효과적인 협업이 가능해졌다는 것입니다. 우리는 이제 AI가 제공하는 코드를 이해하고, 필요에 따라 수정하며, 더 나은 방향으로 발전시킬 수 있는 능력을 갖추게 되었습니다. 이러한 빠른 성장은 정말 놀라운 성과이며, 큰 자부심을 가질 만한 일입니다.

이제 우리는 한 단계 더 나아가, JavaScript 플러그인이라는 강력한 도구를 살펴보려 합니다. 플러그인은 마치 전자제품에 부품을 꽂아 새로운 기능을 추가하는 것처럼, 미리 만들어진 JavaScript 코드를 우리의 웹사이트에 쉽게 통합할 수 있게 해주는 도구입니다.

예를 들어, 이미지 슬라이드쇼와 같이 웹사이트에서 자주 사용되는 기능들을 매번 처음부터 코딩하는 것은 비효율적입니다. 플러그인을 사용하면 이러한 복잡한 기능들을 몇 줄의 코드만으로 쉽게 구현할 수 있습니다. 이는 개발 시간을 크게 단축시키고, 동시에 전문적인 수준의 기능을 손쉽게 구현할 수 있게 해줍니다.

특히 좋은 품질의 플러그인들을 적절히 활용하면, 최소한의 코딩 노력으로도 웹사이트의 품질을 획기적으로 향상시킬 수 있습니다. 이는 개발 효율성과 결과물의 퀄리티를 동시에 높일 수 있는 매우 실용적인 접근 방식입니다.

이제부터 우리는 실제로 유용한 플러그인들을 선택하고 적용하는 방법을 학습할 것입니다. 이를 통해 여러분은 더욱 효율적이고 전문적인 웹 개발자로 한 걸음 더 나아가게 될 것입니다.

1 플러그인의 이해와 활용

1.1 플러그인의 개념

JavaScript 플러그인은 미리 작성된 코드 모듈로, 특정 기능을 쉽게 구현할 수 있게 해주는 도구입니다. HTML, CSS, JavaScript의 기본 지식을 바탕으로 플러그인을 활용하면, 복잡한 기능도 간단하게 구현할 수 있습니다.

1.2 플러그인 활용의 장점

1. 개발 시간 단축
- 자주 사용되는 기능의 즉시 구현
- 복잡한 코드 작성 불필요
- 빠른 프로토타입 제작

2. 품질 보장
- 검증된 코드 사용
- 크로스 브라우저 호환성
- 최적화된 성능

3.유지보수 용이성
- 표준화된 인터페이스
- 문서화된 API
- 커뮤니티 지원

2 주요 JavaScript 플러그인 소개

2.1 \ Font Awesome

Font Awesome은 벡터 아이콘을 폰트 형태로 제공하는 플러그인입니다.

1. 특징
- 확장 가능한 벡터 아이콘
- 폰트로 처리되어 크기 조절 용이
- 다양한 아이콘 제공
- 무료/유료 버전 제공

2. 설치 및 사용법

1. CDN 방식 설치

```html
<!-- Font Awesome 스크립트 추가 -->
<script src="https://kit.fontawesome.com/[your-kit-code].js"></script>
```

2. 아이콘 사용

```html
<!-- 기본 아이콘 사용 -->
<i class="fas fa-search"></i>

<!-- 크기 조절 -->
<i class="fas fa-search fa-2x"></i>

<!-- 색상 변경 -->
<i class="fas fa-search" style="color: #007bff;"></i>
```

2.2 \ Swiper.js

Swiper.js는 모던 모바일 터치 슬라이더 플러그인입니다.

1. 주요 기능
- 터치 지원

- 슬라이드 다양한 전환 효과
- 반응형 레이아웃
- 페이지네이션 지원 키보드 컨트롤

2. 기본 설정

```html
<!-- CSS 파일 추가 -->
<link rel="stylesheet" href="swiper-bundle.min.css">

<!-- JavaScript 파일 추가 -->
<script src="swiper-bundle.min.js"></script>

<!-- HTML 구조 -->
<div class="swiper">
    <div class="swiper-wrapper">
        <div class="swiper-slide">슬라이드 1</div>
        <div class="swiper-slide">슬라이드 2</div>
        <div class="swiper-slide">슬라이드 3</div>
    </div>
    <!-- 페이지네이션 -->
    <div class="swiper-pagination"></div>

    <!-- 네비게이션 버튼 -->
    <div class="swiper-button-prev"></div>
    <div class="swiper-button-next"></div>
</div>

<!-- JavaScript 초기화 -->
<script>
const swiper = new Swiper('.swiper', { pagination: {
        el: '.swiper-pagination',
    },
    navigation: {
        nextEl: '.swiper-button-next',
        prevEl: '. swiper-button-prev',
    },
});
</script>
```

2.3 / jQuery Firefly

동적인 반딧불이 효과를 생성하는 플러그인입니다.

1. 주요 특징
- 랜덤한 움직임

- 커스터마이징 가능

- 가벼운 리소스 사용

- 반응형 지원

2. 기본 사용법

```
<!-- jQuery 추가 -->
<script src="jquery.min.js"></script>

<!-- Firefly 플러그인 추가 -->
<script src="jquery.firefly.js"></script>

<!-- JavaScript 초기화 -->
<script>
$.firefly({
    color: '#fff',
    minPixel: 1,
    maxPixel: 3,
    total: 50,
    on: '#firefly-container'
});
</script>
```

3 플러그인 리소스 사이트

3.1 jQuery Script

jQuery Script(jquery-script.net)는 다양한 jQuery 플러그인을 제공하는 리소스 사이트입니다.

1. 카테고리별 분류

1. 애니메이션 효과

- 페이드 인/아웃

- 슬라이드 효과

- 패럴랙스 효과

- 스크롤 애니메이션

2. 메뉴 및 내비게이션

- 햄버거 메뉴
- 드롭다운 메뉴
- 사이드바 메뉴
- 메가 메뉴

3. 갤러리 및 이미지

- 라이트박스
- 이미지 슬라이더
- 포토 갤러리
- 마스크 효과

4. 폼 및 입력

- 유효성 검사
- 자동완성
- 날짜 선택기
- 파일 업로드

3.2 unheap.com

unheap.com은 jQuery 및 바닐라 JavaScript 플러그인을 제공하는 큐레이션 사이트입니다.

1. 주요 특징

1. 체계적인 분류

- 기능별 카테고리
- 사용 목적별 구분
- 난이도별 분류

2. 데모 및 문서화

- 라이브 데모 제공
- 상세한 사용 설명
- 구현 예제 제공

4 플러그인 활용 전략

4.1 플러그인 선택 기준

1. 성능 고려사항
- 로딩 시간
- 메모리 사용량
- 브라우저 호환성

2. 유지보수성
- 문서화 수준
- 업데이트 주기
- 커뮤니티 활성도

3. 사용 편의성
- 설치 용이성
- API 직관성
- 커스터마이징 가능성

4.2 AI 활용한 플러그인 구현

1. GPT를 활용한 구현 방법

```
// 효과적인 GPT 활용 예시
"다음 플러그인을 활용하여 [특정 기능]을 구현하고 싶습니다:
1. 플러그인 공식 문서 내용: [문서 내용 첨부]
2. 구현하고자 하는 세부 기능:
    - 기능 1
    - 기능 2
    - 기능 3
3. 원하는 커스터마이징:
    - 디자인 요구사항
    - 상호작용 방식
    - 반응형 동작"
```

2. 플러그인 통합 구현

```javascript
// 여러 플러그인 통합 예시
$(document).ready(function() {
    // Swiper 초기화
    const swiper = new Swiper('.swiper', {
    effect: 'fade',
        pagination: {
            el: '.swiper-pagination'
        }
    });

    // Font Awesome 아이콘과 통합
    $('.swiper-button-next').html('<i class="fas fa-chevron-right"></i>');
    $('.swiper-button-prev').html('<i class="fas fa-chevron-left"></i>');

    // Firefly 효과 추가
    $.firefly({
        color: '#fff', minPixel: 1,
        maxPixel: 3,
        total: 50, on:
        '.swiper'
    });
});
```

4.3 플러그인 최적화 기법

1. 로딩 최적화

```html
<!-- 비동기 로딩 -->
<script async src="plugin.js"></script>

<!-- 지연 로딩 -->
<script defer src="plugin.js"></script>

<!-- 조건부 로딩 -->
<script>
if (condition)
    { loadPlugin();
}

function loadPlugin() {
    const script = document.createElement('script');
    script.src = 'plugin.js';
    document.head.appendChild(script);
}
</script>
```

2. 성능 최적화

```javascript
// 이벤트 디바운싱
function debounce(func, wait) {
    let timeout;
    return function executedFunction( ... args) {
    const later = () => {
                clearTimeout(timeout); func( ...
                args);
        };
        clearTimeout(timeout);
        timeout = setTimeout(later, wait);
    };
}

// 플러그인 이벤트에 적용
const optimizedHandler = debounce(() => {
plugin.update();
}, 250);

window.addEventListener('resize', optimizedHandler);
```

결론

JavaScript 플러그인의 활용은 현대 웹 개발에서 필수적인 요소가 되었습니다. 잘 만들어진 플러그인을 효과적으로 활용함으로써, 개발 시간을 단축하고 높은 품질의 웹 애플리케이션을 구현할 수 있습니다.

플러그인의 선택과 활용에 있어 가장 중요한 것은 프로젝트의 요구사항을 정확히 이해하고, 적절한 플러그인을 선택하여 효율적으로 통합하는 것입니다. 또한 AI 도구를 활용하여 플러그인의 구현과 커스터마이징을 더욱 효과적으로 수행할 수 있습니다.

다음 장에서는 지금까지 학습한 내용을 바탕으로 실제 퀴즈 웹 애플리케이션을 구현해보며, 배운 내용을 종합적으로 적용해보도록 하겠습니다.

Chapter

13

GPT API를 활용한 퀴즈
웹 애플리케이션 개발
- 기초 구현

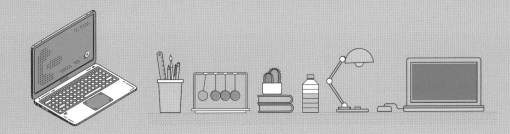

1. 애플리케이션 기획 단계

2. 프로젝트 구조 및 파일 구성

3. OpenAI API 설정

4. Visual Studio Code 작업

5. 개발자 도구 활용

6. 다음 단계 계획

지금까지 HTML, CSS, JavaScript와 jQuery를 통해 웹 개발의 기초를 학습했습니다. 이제 마지막 3개의 챕터를 통해 고도화된 웹 애플리케이션을 개발할 예정입니다. 이번 장은 첫 번째 시간으로, 웹 애플리케이션 프로젝트를 시작하고 기본적인 틀과 보여지는 부분을 구현하는 데 초점을 맞추겠습니다.

퀴즈 데이터가 지속적으로 필요한 애플리케이션의 특성상, GPT API를 활용하여 데이터를 동적으로 생성하고 JSON 형태로 받아 웹 애플리케이션을 구성하도록 하겠습니다.

학습 목표
1. 퀴즈 웹 애플리케이션 기획
2. GPT API를 활용한 퀴즈 콘텐츠 최적화
3. 화면 구현 및 기본 기능 구동 확인

1 애플리케이션 기획 단계

1.1 / 퀴즈 애플리케이션 유형 검토

GPT에 "GPT API를 활용한 퀴즈 웹 애플리케이션을 만들려고 하는데 어떤 퀴즈 앱을 만드는 것이 좋을까?" 라고 문의한 결과, 다음과 같은 네 가지 유형이 제안되었습니다:

1. 코딩 학습 퀴즈 앱
- 프로그래밍 개념 학습
- 실전 코딩 문제
- 단계별 학습 진행

2. 영어 학습 퀴즈 앱
- 문법
- 어휘 발음
- 기타 교과목으로 확장 가능

3. 일반 지식 퀴즈 앱
- 역사
- 과학
- 대중문화
- 사용자 맞춤형 카테고리

4. 직업 관련 퀴즈 앱
- 자격증 준비
- 직무 관련 지식
- 실무 능력 향상

1.2 / 프로젝트 선정: 일반 지식 퀴즈 앱

일반 지식 퀴즈 앱을 선택한 이유는 다음과 같습니다:

- 다양한 주제를 다룰 수 있음
- 사용자 흥미 유발이 용이함
- GPT API 활용에 적합함
- 카테고리 기반의 맞춤형 경험 제공 가능

2 프로젝트 구조 및 파일 구성

2.1 / 기본 파일 구조

```
quizwebapp/
├── index.html          // 기본 HTML 구조
├── style.css           // 스타일 정의
├── script.js           // 동작 로직
└── config.js           // API 설정
```

2.2 / HTML 기본 구조

```
<!DOCTYPE html>
<html lang="ko">
<head>
    <meta charset="UTF-8">
    <meta name="viewport" content="width=device-width, initial-scale=1.0">
    <title>일반 지식 퀴즈</title>
    <link rel="stylesheet" href="style.css">
    <link rel="stylesheet" href="https://cdnjs.cloudflare.com/ajax/libs/font-awesome/5.15.4/css/all.
    min.css">
</head>
<body>
        <div class="app-container">
        <h1>일반 지식 퀴즈</h1>

        <!-- 카테고리 선택 섹션 -->
```

```html
        <div id="category-select">
            <h2>카테고리 선택</h2>
            <button class="category">역사</button>
            <button class="category">과학</button>
            <button class="category">문화</button>
        </div>

        <!-- 퀴즈 섹션 -->
        <div id="quiz-section" class="hidden">
            <!-- 퀴즈 내용이 동적으로 추가됨 -->
        </div>
    </div>

    <script src="config.js"></script>
    <script src="script.js"></script>
</body>
</html>
```

2.3 / CSS 스타일 정의

```css
/* 기본 스타일 초기화 */
body {
    margin: 0;
    padding: 0;
    font-family: Arial, sans-serif;
    background- color: #F4F4F4;
}

/* 컨테이너 스타일 */
.app-container {
    max-width: 500px;
    padding: 20px;
    margin: 0 auto;
    background-color: white;
    border-radius: 8px;
    box-shadow: 0 2px 4px rgba(0, 0, 0, 0.1);
}

/* 버튼 스타일 */
button {
    margin: 10px;
    padding: 10px 20px;
    cursor: pointer;
    border: none;
    border-radius: 4px;
```

```
        background-color: #007bff;
        color: white;
    }

    /* 숨김 클래스 */
    .hidden {
        display: none;
    }
```

2.4 \ CSS 색상 코드 이해

1. HEX 코드 구조

CSS에서 색상을 표현하는 HEX 코드는 '#' 기호로 시작하여 6자리의 16진수로 구성됩니다.

1. 16진수 체계

- 0-9: 일반적인 숫자 값

- A-F: 10부터 15까지의 값을 표현

- 예: FF는 255를 의미 (최대값)

2. RGB 색상 채널

- 앞의 2자리: Red (빨강)

- 중간 2자리: Green (초록)

- 마지막 2자리: Blue (파랑)

3. 주요 색상 예시

- #000000: 검은색 (모든 채널 0)

- #FFFFFF : 흰색 (모든 채널 최대)

- #FF0000 : 순수 빨간색

- #00FF00 : 순수 녹색

- #0000FF : 순수 파란색

- #F4F4F4 : 밝은 회색 (거의 흰색에 가까움)

3 OpenAI API 설정

3.1 API 키 발급 과정

1. OpenAI 웹사이트 접속
2. 로그인/회원가입
3. API 섹션으로 이동
4. 새 API 키 생성
- "Create new secret key" 클릭
- 키 이름 입력 (예: "AI 퀴즈")
- 프로젝트 선택 (기본값 사용)
- 권한 설정 (all 선택)
5. API 키 저장
- 생성된 키 즉시 복사
- config.js 파일에 붙여넣기
- 키 생성 완료 ('Done' 클릭)

3.2 config.js 파일 설정

```javascript
const API_KEY = 'your-openai-api-key';
```

4 Visual Studio Code 작업

4.1 프로젝트 설정

1. 새 프로젝트 폴더 생성 ("AI 퀴즈")
2. Visual Studio Code에서 폴더 열기

3. 필요한 파일 생성

- index.html

- style.css

- script.js

- config.js

4.2 / 파일 저장 및 작업

1. 각 파일 생성 후 내용 작성

2. Ctrl + S로 저장

3. 저장 상태는 파일명 옆의 동그라미로 확인

- 동그라미 있음: 저장 필요

- 동그라미 없음: 저장 완료

5 개발자 도구 활용

5.1 / 개발자 도구 실행

1. 웹 페이지에서 우클릭 > '검사' 선택

2. Chrome 브라우저 기준 사용

3. HTML 구조와 요소 확인 가능

5.2 / 주요 기능

1. 요소 검사

- HTML 구조 확인

- 실시간 요소 수정

- 스타일 속성 확인

2. 요소 삭제 기능
- 요소 선택
- 우클릭 〉'요소 삭제' 선택
- 변경사항 즉시 확인

6 다음 단계 계획

6.1 개선 사항

1. 기능 고도화
- 카테고리별 퀴즈 구현
- 점수 시스템 추가
- 결과 표시 기능

2. 디자인 개선
- 사용자 인터페이스 최적화
- 시각적 효과 추가
- 반응형 레이아웃 구현

3. 사용자 경험
- 로딩 상태 표시
- 오류 메시지 개선
- 피드백 시스템

마치며

이번 장에서는 퀴즈 웹 애플리케이션의 기본 구조를 설계하고 구현했습니다. IT 소프트웨어 개발에서는 성능과 기능도 중요하지만, 작은 디테일도 매우 중요합니다. 다음 장에서는 이러한 디테일을 살려 애플리케이션의 완성도를 높이는 작업을 진행하도록 하겠습니다.

퀴즈 웹 애플리케이션의 UI/UX 최적화와 고도화

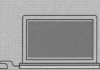

들어가며: 웹 애플리케이션의 완성도를 높이는 UI/UX

지금까지 우리는 웹 애플리케이션의 기본적인 기능들을 구현하는 방법을 학습했습니다. 이제는 이 결과물을 전문적인 수준의 제품으로 발전시키는 단계로 나아갈 시간입니다. 이는 단순한 기능 구현을 넘어서, 사용자들에게 진정한 가치를 전달할 수 있는 완성도 높은 서비스를 만드는 과정입니다.

이 과정에서 가장 중요한 요소는 바로 UI(User Interface)와 UX(User Experience)입니다. 이 두 요소는 제품의 품질을 결정짓는 핵심적인 기준이 되며, 사용자들이 서비스를 지속적으로 이용할지 결정하는 중요한 요인이 됩니다.

좋은 UI는 사용자의 직관에 부합하는 인터페이스를 의미합니다. 예를 들어, 검색 기능을 사용하려 할 때 갑자기 로그인 화면이 나타난다거나, 예상되는 위치에 확인 버튼이 없는 경우, 사용자들은 이를 제품의 결함으로 인식하게 됩니다. 이러한 불편한 인터페이스는 서비스의 전문성과 신뢰도를 크게 떨어뜨리는 원인이 됩니다.

UX는 더 넓은 관점에서 사용자의 전반적인 경험을 다룹니다. 기능이 정상적으로 작동하지 않거나, 화면 전환이 부자연스러운 경우, 사용자들은 불편함을 느끼고 서비스 사용을 중단할 수 있습니다. 좋은 UX는 사용자가 서비스를 이용하는 모든 순간에서 만족감을 느낄 수 있도록 하는 것을 목표로 합니다.

이러한 UI/UX의 개선은 얼핏 사소해 보일 수 있습니다. 하지만 이는 제품의 성패를 좌우할 만큼 중요한 요소입니다. 실제로 많은 성공적인 서비스들은 뛰어난 기능성뿐만 아니라, 섬세하게 다듬어진 UI/UX를 통해 사용자들의 마음을 사로잡았습니다.

이제부터 우리는 이러한 디테일에 초점을 맞추어, 우리의 웹 애플리케이션을 한 단계 더 발전시킬 것입니다. 각각의 버튼, 메뉴, 화면 전환 등 모든 요소들을 사용자의 관점에서 재검토하고 개선하면서, 진정한 의미의 '완성품'을 만들어갈 것입니다.

1 UI/UX의 중요성

웹 애플리케이션의 상품화 과정에서 가장 중요한 것은 사용자 인터페이스(UI)와 사용자 경험(UX)입니다. 아마추어적 결과물이 아닌 전문적인 제품으로 인정받기 위해서는 이 두 가지 요소에 특별한 주의를 기울여야 합니다.

1.1 사용자 인터페이스(UI)의 중요성

잘못된 UI는 다음과 같은 문제를 초래할 수 있습니다:
- 검색 버튼 클릭 시 로그인 화면이 나타나는 등의 예상치 못한 동작
- 화면의 부적절한 위치에 배치된 버튼들
- 사용자의 직관에 반하는 요소 배치

1.2 사용자 경험(UX)의 가치

부적절한 UX는 다음과 같은 결과를 초래합니다:
- 제품의 미완성도 인식
- 지속적 사용 의욕 저하
- 부자연스러운 화면 전환
- 기능의 비정상적 작동

2 개발자 도구를 통한 디버깅

1.1 요소 검사 기능 활용

1. 요소 검사 방법
- 페이지에서 우클릭 후 '검사' 선택
- 크롬 브라우저 기준 작업
- HTML 구조와 CSS 스타일 확인 가능

2. CSS 속성 실시간 수정

```css
/* 커서 스타일 변경 */
button {
    cursor: pointer; /* 손가락 모양 */
    /* cursor: help; 물음표 모양 */
    /* cursor: move; 이동 모양 */
}
```

3. 폰트 크기 조정

```css
.text-element {
    font-size: 36px; /* 크기 변경 테스트 */
}
```

2.2 \ 콘솔 탭 활용

1. 자바스크립트 실행 테스트

```javascript
alert("안녕하세요"); // 테스트 알림창
```

2. jQuery 동작 확인

```javascript
$('button').hide(); // jQuery 미로드 시 에러 발생
```

3 오류 해결 과정

3.1 \ jQuery 관련 오류

1. 초기 오류 메시지

```
$ is not defined
```

2. 해결 방법

```html
<!-- jQuery CDN 추가 -->
<script src="https://code.jquery.com/jquery-3.6.0.min.js"></script>
```

3.2 / API 호출 오류

1. 404 Not Found 오류
- URL 경로 오류 확인
- API 엔드포인트 수정

2. 400 Bad Request 오류
- 요청 형식 검토
- 파라미터 구조 수정

4 OpenAI API 최적화

4.1 / Playground 활용

1. 모델 선택
- GPT-4-turbo-preview 선택 성능과 가격 고려

2. API 요청 형식

```
{
    "model": "gpt-4-turbo-preview",
    "messages": [
        {
        "role": "user",
        "content": "질문 내용"
        }
    ]
}
```

4.2 / 프롬프트 최적화

1. 기본 구조

```
const prompt = `
다음 형식으로 ${category} 관련 퀴즈를 생성해주세요:
```

```
    - 질문: (한국어로 된 문제)
    - 보기: 4개의 선택지
    - 정답: 정답 번호
`;
```

2. 응답 형식 지정

```
{
    "question": "문제 내용",
    "options": [
        "1번 보기",
        "2번 보기",
        "3번 보기",
        "4번 보기"
    ],
    "answer": "정답 번호"
}
```

5 인터페이스 한글화

5.1 HTML 구조 수정

```
<div class="app-container">
    <h1>AI가 만든 상식 퀴즈</h1>
    <div id="category-select">
        <h2>주제를 선택하세요</h2>
        <div class="category-buttons">
            <button class="category">
                <i class="fas fa-history"></i>
                역사
            </button>
            <button class="category">
                <i class="fas fa-flask"></i>
                과학
            </button>
            <button class="category">
                <i class="fas fa-music"></i>
                음악
            </button>
```

```
            <!-- 추가 카테고리 -->
        </div>
    </div>
</div>
```

5.2 / Font Awesome 아이콘 업데이트

각 카테고리에 맞는 적절한 아이콘 선택:

- 역사: fa-history
- 과학: fa-flask
- 음악: fa-music
- 속담: fa-book-reader
- 영화: fa-film

6 반응형 디자인 구현

6.1 / 모바일 화면 최적화

1. CSS 설정

```
.app-container {
    max-width: 500px;
    width: 100%;
    margin: 0 auto;
    padding: 20px;
}
```

2. 중앙 정렬

```
body {
    display: flex;
    justify-content: center;
    align- items: center;
    min-height: 100vh;
}
```

6.2 / 디바이스 테스트

1. 개발자 도구 기기 툴바 활용

- 아이폰 12 Pro
- 아이폰 SE
- 갤럭시 S20
- 다양한 화면 크기 테스트

2. 반응형 디자인 확인

- 가로 너비 자동 조정
- 최대 너비 500px 제한
- 디바이스별 적절한 표시 확인

7 추가 개선 가능 사항

7.1 / 디자인 요소

1. 버튼 스타일

- 배경색 변경
- 호버 효과 추가
- 그림자 효과 적용

2. 레이아웃 최적화

- 여백 조정
- 요소 배치 개선
- 전체적인 정렬 검토

1. 카테고리 확장

- 다양한 주제 추가
- 난이도 구분
- 하위 카테고리 구현

2. 사용자 경험 향상

- 로딩 상태 표시
- 애니메이션 효과
- 점수 시스템 개선

결론

UI/UX의 개선은 웹 애플리케이션의 완성도를 결정짓는 핵심 요소입니다. 아무리 뛰어난 기능을 가진 애플리케이션이라도, 사용자 인터페이스가 불편하거나 사용자 경험이 좋지 않다면 그 가치를 제대로 인정받기 어렵습니다.

다음 장에서는 이렇게 개선된 웹 애플리케이션을 실제 서버에 배포하고, 도메인을 연결하여 실제 서비스로 구현하는 방법을 학습하겠습니다. 이를 통해 프론트엔드 개발을 넘어서 전반적인 웹 개발의 흐름을 이해할 수 있게 될 것입니다.

백엔드 연동과
개발 과정의 완성

1. 원격 개발 환경 구축하기
2. Node.js와 Express 설치하기
3. Express 애플리케이션 구성하기
4. 프로젝트 완성과 향후 발전 방향

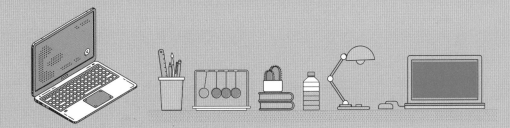

들어가며: 백엔드 연동의 필요성

지금까지 개발한 퀴즈 웹 애플리케이션을 백엔드 프레임워크와 연동하는 단계에 이르렀습니다. 백엔드 연동이 필요한 이유는 회원 정보 저장, 로그인 기능 구현, 데이터베이스 연동 등 더 풍부한 기능을 구현하기 위해서입니다. 이는 기초를 넘어선 중급 이상의 개발 수준을 요구하는 작업입니다.

프론트엔드 우선 학습의 중요성

프론트엔드에 대한 이해 없이 백엔드 개발을 시작하는 것은 상당한 어려움을 초래할 수 있습니다. 화면 구현에 대한 제약으로 인해 전체적인 개발 흐름을 파악하기 어려워지며, 이로 인해 많은 개발자들이 중도에 포기하게 됩니다. 우리는 이러한 문제를 방지하기 위해 프론트엔드를 먼저 학습했으며, 이를 통해 웹 개발에 대한 전반적인 이해를 갖출 수 있었습니다.

1 원격 개발 환경 구축하기

1.1 원격 개발 환경의 의미

원격 개발 환경이란 우리가 개발한 웹 애플리케이션을 어떤 기기나 장소에서도 접근할 수 있도록 만드는 환경을 의미합니다. 이는 도메인을 통해 웹 애플리케이션에 접근할 수 있게 하는 것을 포함합니다.

1.2 FileZilla를 통한 파일 관리

FileZilla는 서버와 로컬 환경 사이의 파일 전송을 관리하는 도구입니다. 설정 과정은 다음과 같습니다:

1. FileZilla 실행 후 사이트 관리자 접속
- 좌측 상단의 사이트 관리자 아이콘 클릭
- '새 사이트' 선택

2. 서버 연결 정보 설정:
- 사이트명: AI 코드
- 호스트: AWS에서 할당받은 탄력적 IP 주소
- 사용자: EC2 유저
- 인증 방식: 키 파일 선택

3. 연결 확인:
- 설정 완료 후 '연결' 클릭
- 성공적으로 연결되면 오른쪽 창에 서버의 파일 시스템이 표시됨

1.3 웹 서버 디렉토리 구조 이해하기

웹 서버의 파일 시스템은 다음과 같은 구조를 가집니다:
1. 루트 디렉토리 (/)
2. var 디렉토리
3. www 디렉토리
4. html 디렉토리 (/var/www/html)

1.4 / 권한 설정하기

파일 업로드 시 발생하는 'Permission denied' 오류는 적절한 권한 설정으로 해결할 수 있습니다. GPT를 활용하여 다음과 같은 해결 방법을 찾을 수 있습니다:

1. GPT 활용 예시

질문: "아마존 리눅스 2에서 아파치를 설치했고, FileZilla에서 EC2 유저로 접속해서 웹 파일을 올리려고 했으나 Permission denied 오류가 발생했습니다. 어떻게 해결할 수 있을까요?"

2. 권한 설정 명령어

```
sudo chown -R ec2-user:apache /var/www/html sudo
chmod -R 775 /var/www/html
sudo usermod -a -G apache ec2-user
```

2 Node.js와 Express 설치하기

2.1 / Node.js 소개

Node.js는 서버 사이드 JavaScript 런타임으로, 백엔드 개발에 널리 사용됩니다. Node.js의 공식 웹사이트(nodejs.org)에서 자세한 정보를 확인할 수 있습니다.

2.2 / NVM을 통한 Node.js 설치

Amazon Linux 2 환경에서는 NVM(Node Version Manager)을 통한 설치가 권장됩니다.

1. NVM 설치:

```
curl -o- https://raw.githubusercontent.com/nvm-sh/nvm/v0.39.0/install.sh | bash
```

2. 환경 변수 적용:

```
source ~/.bashrc
```

3. Node.js 설치:

```
nvm install node
```

4. 설치 확인:

```
node --version
npm --version
```

2.3 / Express 프레임워크 설치

Express는 Node.js의 대표적인 웹 프레임워크입니다(expressjs.com).

1. 프로젝트 디렉토리 생성:

```
cd /var/www/html
mkdir express cd
express
```

2.Node.js 프로젝트 초기화:

```
npm init -y
```

3. Express 설치:

```
npm install express
```

---

3 Express 애플리케이션 구성하기

3.1 / 기본 애플리케이션 설정

1. app.js 파일 생성:

```
touch app.js
```

2. 기본 코드 작성:

```
const express = require('express') const app = express()
const port = 3000

app.get('/', (req, res) => {
    res.send('Hello World!')
})

app.listen(port, () => {
    console.log(`Server running at http://localhost:${port}`)
})
```

3.2 \ 포트 설정과 보안 그룹 구성

AWS EC2 인스턴스에서 Express 서버에 접근하기 위한 설정:

1. AWS 콘솔에서 EC2 서비스로 이동
2. 보안 그룹 설정 선택
3. 인바운드 규칙 편집:

- '규칙 추가' 클릭
- 포트 범위: 3000
- 소스: 0.0.0.0/0 (모든 IP의 접근 허용) '규칙 저장' 클릭

3.3 \ 애플리케이션 실행과 테스트

1. 서버 실행:

```
node app.js
```

2. 접속 테스트:

- 웹 브라우저에서
- "Hello World!" 메시지 확인

4 프로젝트 완성과 향후 발전 방향

4.1 개발자의 역할 이해

웹 개발자는 크게 세 가지 영역으로 구분됩니다:

1. 프론트엔드 개발자
- 사용자 인터페이스 구현
- 클라이언트 측 로직 개발

2. 백엔드 개발자
- 서버 측 로직 구현
- 데이터베이스 관리
- API 개발

3. 서버 개발자
- 서버 인프라 구축
- 시스템 최적화
- 보안 관리

4.2 풀스택 개발자로의 성장

위 세 가지 영역을 모두 다룰 수 있는 개발자를 풀스택 개발자라고 합니다. 풀스택 개발자의 장점은:

1. 전체 시스템에 대한 이해
2. 효율적인 문제 해결 능력
3. 다양한 역할 수행 가능
4. 프로젝트 전반적인 관리 능력

4.3 향후 학습 방향

1. 프론트엔드 전문가로서의 성장
- UI/UX 심화 학습
- 최신 프레임워크 습득
- 성능 최적화 기술 학습

2. 백엔드 지식 확장
- 데이터베이스 학습
- 서버 아키텍처 이해
- API 설계 및 개발

결론: 새로운 시작을 위한 준비

이번 장을 통해 우리는 프론트엔드 개발에서 시작하여 백엔드 연동까지 경험해보았습니다. 이는 웹 개발의 전체적인 흐름을 이해하는 중요한 이정표가 되었습니다.

이제 우리는 두 가지 성장 경로를 선택할 수 있습니다:

1. 프론트엔드 개발자로서 전문성을 더욱 강화하는 방향

2. 백엔드 지식을 추가로 학습하여 풀스택 개발자로 성장하는 방향

어떤 경로를 선택하든, 지금까지 배운 전체적인 개발 프로세스에 대한 이해는 큰 자산이 될 것입니다. 이를 바탕으로 더 깊이 있는 학습과 실전 경험을 쌓아간다면, 어떤 개발 분야에서든 전문성을 갖춘 개발자로 성장할 수 있을 것입니다.

MEMO

AI와 함께하는 WEB CODING 기초

초 판 인 쇄	2025년 03월 31일
저 자	전 병 우
펴 낸 이	이 장 우
펴 낸 곳	도서출판 예빈우

등 록 일 자	2014년 1월 17일
등 록 번 호	제 398 - 2014 - 000001호
주 소	경기도 남양주시 순화궁로 249 M1309호
이 메 일	jpt900@hanmail.net
I S B N	979-11-86337-60-8(13560)